U0259939

生活化学

"60岁开始读" 科普教育丛书

上海市学习型社会建设与终身教育促进委员会办公室　**指导**
上海科普教育促进中心　**组编**
刘旦初　**编著**

SHENGHUO
HUAXUE

复旦大學出版社
上海科学技术出版社
上海科学普及出版社

"60岁开始读"科普教育丛书

编 委 会

顾　　　　问	褚君浩　薛永琪　邹世昌　杨秉辉
编 委 会 主 任	袁　雯
编委会副主任	庄　俭　郁增荣
编 委 会 成 员	（按姓氏笔画排序）
	牛传忠　王伯军　李　唯　姚　岚
	夏　瑛　蔡向东　熊仿杰
指　　　　导	上海市学习型社会建设与终身教育促进委员会办公室
组　　　　编	上海科普教育促进中心
本 书 编 著	刘旦初

总 序

　　党的十八大提出了"积极发展继续教育，完善终身教育体系，建设学习型社会"的目标要求，在国家实施科技强国战略、上海建设智慧城市和具有全球影响力科创中心的大背景下，科普教育作为终身教育体系的一个重要组成部分，已经成为上海建设学习型城市的迫切需要，也成为更多市民了解科学、掌握科学、运用科学、提升生活质量和生命质量的有效途径。

　　随着上海人口老龄化态势的加速，如何进一步提高老年市民的科学文化素养，通过学习科普知识提升老年朋友的生活质量，把科普教育作为提高城市文明程度、促进人的终身发展的方式已成为广大老年教育工作者和科普教育工作者共同关注的课题。为此，上海市学习型社会建设与终身教育促进委员会办公室组织开展了老年科普教育等系列活动，而由上海科普教育促进中心组织编写的"60岁开始读"科普教育丛书正是在这样的背景下应运而生的一套老年科普教育读本。

　　"60岁开始读"科普教育丛书，是一套适合普通市民，尤其是老年朋友阅读的科普书籍，着眼于提高老年朋友的科学素养与健康生活意识和水平。第四套丛书共5册，涵盖了中医养老、肺癌防范、生活化学、科技新知、安全出行等方面，内容包括与老年朋友日常生活息息相关的科学常识和生活知识。

　　这套丛书提供的科普知识通俗易懂、可操作性强，能让老年朋友在最短的时间内学会并付诸应用，希望借此可以帮助老年朋友从容跟上时代步伐，分享现代科普成果，了解社会科技生活，促进身心健康，享受生活过程，更自主、更独立地成为信息化社会时尚能干的科技达人。

前 言

　　化学是研究物质变化的科学，也是自然科学的一门基础学科。从宇宙天体到分子原子，它们都是物质，所以化学与我们人类的关系最为密切。可以说化学就在我们身旁，化学无所不包，无处不在。

　　汽油从哪里来？化学家如何应对石油的枯竭？类似福岛核电站发生的核事故，究竟会产生哪些真正的破坏和影响？种菜如果不用土，而是使用化学方法，这究竟靠谱不靠谱？农药、激素与化学到底是怎样错综复杂的关系？中国的水资源究竟是多还是少？通过化学方法能够增加人类的水资源供给吗？温室效应已经争论了很多年，它和地球大气温度的变化到底是什么样的关系？我们是否因为对于燃烧、爆炸的化学知识了解不多，才会对正确的灭火方式一知半解？合成药物作为人类健康的基石，积淀的是知识，拯救的是生命。苏丹红、三聚氰胺、毒大米等食品安全问题，有多少是化学的无知和滥用？

　　这本书对上述问题多有涉猎，并且用明确的主题、精确的语言、典型的案例、少量的篇幅，向老年朋友普及和解读化学与人类生活最为密切相关的内容。全书以化学现象为切入点，紧密围绕化学这门知识在实际生活的具体运用，把生活中的化学知识和原理渗透在愉快的阅读之中，让老年朋友在快乐阅读中体验到化学的无处不在和神奇妙用。

目 录

一、化学向人类提供合理使用能源的方法

石油、燃油、汽油这些平时经常能够听到的名词,它们是一回事儿吗? 它们之间是不是有密切联系?

石油是一种大自然赋予人类、蕴藏在地下的液态能源,是一种烃类化合物的混合物。"烃"左边的"火"代表碳,右边是氢气的"氢"去掉"气",由此我们可以联想到,烃应该是由碳元素和氢元素构成的化合物,所以也称为碳氢化合物。大家所熟悉的甲烷(CH_4)就是最简单的烃类化合物。碳元素是 4 价的,就相当于有 4 只手,每只手都拉住一个只有一只手的氢元素,两个元素形成的价键得到完全满足,所以它是饱和烃。两个碳原子以上的烃类化合物,每个碳原子和另一个碳原子若有两个键相连,这样氢原子的数量就比饱和时要少两个,我们称它为烯烃,如乙烯(C_2H_4)。如果两个碳原子之间牵了 3 只手,就再少了两个氢原子,这就是炔烃,如乙炔(C_2H_2)。

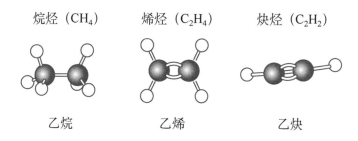

烷烃（CH_4）　　　烯烃（C_2H_4）　　　炔烃（C_2H_2）

乙烷　　　　　　乙烯　　　　　　乙炔

石油是以饱和烃为主、从一个碳到 40 几个碳链长的烃类化合物的混合物。科学家们认为,对一个如此庞大的混合物,应该先将它进行适当的分离,然后分别使用,更能达到物尽其用的效果。

石油以液态组分居多,气态和固态组分溶解在其中。在石油的各种组分中,随着碳链长度的增大,其沸点也随之升高。炼油工业中用一种分馏的方法,将不同沸点的烃类加以分离,下图就是常压分馏装置的示意图。

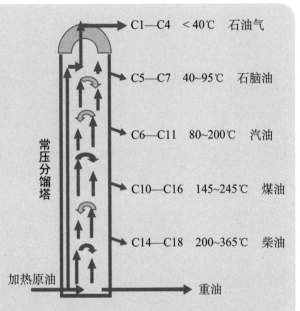

石油被加热之后送到分馏塔塔底,那些溶解在石油中本来就是气态的烃类,立即被蒸发而跑到塔顶。由于塔底不断地在加热,液态组分中按沸点从低到高,相继蒸发成蒸气而向上跑;由于塔的上部温度较低,蒸气又会凝聚成液态,在往下滴的同时,遇到升上来的热蒸气,又被蒸发成蒸气。如果塔中一直进行着这样的热交换,其结果就是沸点低的往上跑,沸点高的就留在下部,从上到下形成一个沸点由低到高的温度梯度分布。这样,我们就可以在塔上不同高度处引出不同沸点范围的产物,这就是图示中的石油气、石脑油、汽油、煤油和柴油等产品。

常压分馏塔

加热原油

C1—C4　　＜40℃　　石油气

C5—C7　　40~95℃　　石脑油

C6—C11　　80~200℃　　汽油

C10—C16　　145~245℃　　煤油

C14—C18　　200~365℃　　柴油

重油

汽油是人类使用最为广泛的液体燃料,它是小汽车、卡车和火车的主要燃料;煤油是飞机的燃料;柴油是大功率柴油机(如军舰、轮船、拖拉机等)的燃料。习惯上人们把汽油、煤油和柴油这3种液态油品通称为燃油。

我们已经知道汽油是从石油分馏塔中提炼出来的,它仍然是混合物。各地从地下开采的石油组分并不相同,制备汽油时切割馏分也会有差别,生产的汽油组分显然也不同,这就是各地生产汽油质量不同的本质原因。

小贴士

外观迥异不同的石油

由于石油是一个庞大的混合物,各种碳链长的化合物集于一身,其品种和比例各不相同,因此各地开采的石油从外观上就有极大的不同。有的油田开采出的石油是淡绿色、半透明的,甚至还带有芳香的气味;有的油田开采出的石油则是黑褐色、黏稠的,甚至还带有一点臭味。例如,含硫量高的石油,就会有臭味。

汽油通常作为内燃机的燃料,汽油质量的好坏就取决于它能否使内燃机有更高的效率。当汽油的质量不好时,汽车会发生"爆震"——此时汽车会产生震动并听到猛烈的金属敲击声,同时,一部分燃料因不完全燃烧而排出黑烟。产生爆震的原因是因为汽油中自燃点低的组分太多。

为了了解汽油的质量,需要把汽油中的所有组分测量一遍,但这几乎是不可能做到的。因此,可以采用相对比较法:在汽油质量测定中,先设定一个基准值"辛烷值",将汽油组分中自燃点最低

2. 92号汽油的「92」指的是汽油的纯度吗?

的正庚烷(7 个碳原子)的辛烷值设定为 0,带有支链的自燃点较高的异辛烷(8 个碳原子)的辛烷值设定为 100。然后,将两者配成不同比例的各种溶液,放到一台测试爆震情况的机器上与样品进行比对测试。如果它和某一比例溶液的爆震情况一致,这个样品汽油的辛烷值就是相应溶液中异辛烷的百分比。例如,它和 60% 异辛烷、40% 正庚烷溶液的爆震情况一致,汽油的辛烷值就是 60。辛烷值越高,汽油的抗爆性能越好,对内燃机的各种性能越有利。加油站出售汽油的牌号并不是汽油的纯度,而是辛烷值。92 号汽油就是辛烷值为 92 的汽油,它比 90 号汽油的性能更好。就内燃机而言,好汽车的压缩比较高,应该使用辛烷值高的汽油。

小案例

第二次世界大战的文献中有这样一段记录:1940 年 5 月,第二次世界大战交战正酣时,同盟国决定由法国出面,与德国进行一次空中殊死大决战。结果法国大败,损失了几百架飞机。究其原因是法国人使用的汽油质量太差,当时他们使用的是 83 号汽油。

时隔两个月,同盟国决定由英国空军再次出击,这次英国人使用了美国一家油品公司供应的 100 号汽油。结果大获全胜,德国人损失了 1 000 多架飞机。由此可见汽油的辛烷值有多重要!

石油以及其他液体燃料已经成为人类的主要能源,但是石油资源毕竟有限,联合国统计表明,按照目前各国的石油开采速度以及已经探明的石油蕴藏量估算,地下的石油最多能被开采40年。40年以后,人类将面临石油枯竭的局面。

人类曾经有过无油的困境。20世纪60年代初,我国正处于3年特大自然灾害。当时的西方国家对我国实施经济封锁,特别是苏联停止向我国供应石油。那时大庆油田等尚未被发现,西方国家称我国是一个"无油"国家。于是上海街头就出现了前所未见的特殊景象,街上所有公共汽车的车顶上都有个巨大的黑色橡皮口袋,原来公共汽车是用煤气来发动的。

20世纪70年代,英国和中东国家因苏伊士运河问题发生政治冲突,所有的中东国家停止向英国供应石油。于是,英国伦敦街头就出现了"马拉小轿车"的特殊场景。

21世纪将面临石油枯竭,人类又该何去何从?科学家想到从相对丰富的其他资源解决这一问题,如用煤来合成汽油。早在1926年,

3. 石油枯竭之后人类将何去何从?

德国化学家费歇尔和托洛帕斯就已经成功地在催化剂的帮助下，将煤合成了汽油，这项技术被称为费-托合成。

费歇尔和托洛帕斯通过将煤与水蒸气反应，得到一氧化碳和氢气，再用催化剂将其合成为汽油。第二次世界大战时，德国人利用这一专利在世界范围内建立了 11 个由煤来制备汽油的工厂，其中就包括在我国东北抚顺的一个工厂。但是从 20 世纪 50 年代起，中东大量油田被发现，油价大跌，由煤制备的汽油价格无法与之竞争，于是这些工厂纷纷倒闭。70 年代英国和中东地区的政治冲突所引发的石油危机，促使科学家又重新开启费-托合成研究，试图以煤资源取代石油资源。研究成果已经使一些无油国家得益，如南非这个无油国家现在已经可以从煤来获取全国所需的汽油。

化学元素是由原子核和核外电子构成的,原子核又是由带正电荷的质子和中性的中子构成的,中子和质子的质量相同。

自然界中存在同一个元素因核内中子数不同而出现有不同原子质量的相同元素,由于它们处于元素周期表的同一个位置,因此它们被称作同位素。例如,氢元素的原子核内有一个质子,核外有一个电子,用符号$_1^1H$表示,左上标的"1"代表质量,左下标的"1"代表质子数。氢在自然界中有 3 个不同质量的氢元素。在各种同位素中,有一个同位素的数量占有绝对高的比例,称作最丰同位素。以氢元素为例:

氕(pie)	氘(dao)	氚(chuan)
$_1^1H$	$_1^2H$	$_1^3H$
氢(H)	重氢(D)	超重氢(T)

其中 H 为最丰同位素。

再如,氯元素的同位素有两种,原子质量分别为 35 和 37。因为氯元素由一定比例的质量为 35 的氯和质量为 37 的氯组成,所以它的原子量在 35 到 37 之间,为 35.46。这说明在自然界中元素是由各种同位素组成的。

人工同位素是指自然界不存在的、须由反应堆或回旋加速器等方法来合成的元素或同位素,如碘 131。化学元素中有些元素会自动发出射线后转变成别的元素,这些元素被称为放射性元素。放射性元素是能够自发地从不稳定的原子核内部放出粒子或射线,同时释放出能量,最终衰变形成稳定的元素而中止。这种现象称为放射性,这一过程叫做放射性衰变。放射性物质以波或微粒形式发射出的能量称为核辐射。原子序数在 83(铋)或以上的元素都具有放射性,某些原子序数小于 83 的元素(如锝)也具有放射性。

小案例

居里夫人的重大发现

居里夫人和她的丈夫为了弄清一批沥青铀矿样品中是否含有值得加以提炼的铀,他们对其中的含铀量进行测定。实验结果让他们很惊讶:有几块样品的放射性甚至比纯铀的放射性还要大！这就意味着在这些样品中一定还含有别的放射性元素。1898 年 7 月,他们终于分离出极小量的黑色粉末,这些粉末的放射性比同等数量的铀强 400 倍。粉末中含有一种在化学性质上与碲很相似的新元素,它在周期表中的位置应该处于碲的下面。居里夫妇把这个新元素定名为"钋",以此纪念居里夫人的祖国波兰。

人类在生活中离不开能源。

20世纪30年代，以爱因斯坦为首的一批核物理学家经过理论计算，确认从大核裂变成小核或小核聚变成大核的核反应中，可以获取极大的能量，这就是核能。

小贴士

爱因斯坦的质能转换公式

核物理学家在理论研究中遇到困惑，计算发现质量在核变化前后不守恒了，这似乎完全不可能。爱因斯坦认为，核变化后释放出能量的同时出现质量不守恒现象，"丢失"的质量已经转变为能量。他还给出著名的质能转换公式——$E = mc^2$。这正是核能开发最为重要的理论依据。

1938年，在德国物理学家哈恩的实验室中，首次实现用中子使原子质量为235的铀核发生裂变。一个铀235核裂变成两个中等质量的原子核，同时又生成更多的中子以使反应连续不断地进行下去。

核结构发生变化时放出的能量就是原子核能，简称原子能或核能。它比化学能大几百万倍到几千万倍。每个铀235的核，在裂变时能放出约 200 兆电子伏特的能量,1 公斤铀 235 全部裂变时产生的原子能,相当于 2 500 吨优质煤燃烧时放出的能量。后来科学家又实现了轻核的聚变,轻核聚变时放出的能量更大,氢弹就是根据核聚变原理制成的核武器。

> 对于铀元素而言,占有 99% 以上的铀 238 却不会发生裂变反应,只有铀 235 和中子才能发生裂变反应,然而它在铀元素中只占有 0.74%。核燃料要求浓度极高的铀 235,于是铀 235 的浓缩成为制备核燃料的关键。浓缩方法有两种:一是将天然铀制成气态化合物六氟化铀,利用质量上的微小差别,通过扩散,逐步浓缩;二是将气态六氟化铀放入离心机中,利用其质量上的微小差别来逐级浓缩。

小案例

> 核能技术首先被用作核武器。第二次世界大战期间,当时的美国总统罗斯福拨款 20 亿美金,美国陆军部历时 3 年造出 3 颗原子弹,分别命名为"小玩意儿""小男孩"和"胖子"。除"小玩意儿"在美国进行核爆试验外,其余两颗被丢在日本的广岛和长崎。
>
> 第二次世界大战结束后,科学家又致力于核能技术的和平利用,最普遍的就是核电站,核技术还有许多其他技术应用。中国于 1964 年 10 月 16 日成功进行了核爆试验。

核裂变反应被开发之后遇到的第一个严峻问题就是地球资源中的铀矿很少，而核燃料所需的铀 235 只占铀矿中所有同位素中的 0.74％。科学家必须要找到新的核燃料。

首先要从开发重水反应堆说起。反应堆是利用铀 235 裂变反应构成一种能产生能量的装置，是核电站和科研装置的关键部件。元素铀中只占 0.74％的铀 235 无法让裂变反应连续进行，需要采用浓缩技术来实现连续的裂变反应，这种反应堆也被称作"浓缩铀反应堆"。科学家在研究天然铀不能连续裂变时发现，除了铀 235 浓度太低，以致中子碰不到它之外，当中子碰到铀 238 时，非但不会发生裂变，中子还会被铀 238 吸收，使中子完全没有机会与铀 235 相遇。科学家还发现，铀 238 吸收中子是有条件的，它喜欢吸收高能中子，而不吸收低能中子。于是，科学家将反应堆中的普通水换成重水，即在氢原子核中有一个质子的重氢构成的水。重水起到阻速剂的作用。它能吸收反应过程中产生的中子能量，使中子变成低能中子，这些低能中子就有机会遇到铀 235 而发生裂变反应。这种反应堆称作"重水反应堆"，它可以直接使用天然铀，省去了繁杂的浓缩工序。原先的那种浓缩铀反应堆，也就很自然地被称作"轻水反应堆"。让科学家惊喜的是，这种重水反应堆居然能生产出一种新的同位素钚 239。钚 239 和铀 235 一样，能和中子发生连续的裂变反应，成为一种新的核燃料。

正因为铀资源的稀缺，生产钚 239 就显得十分重要。这也是各个国家在建立核电站时选择重水反应堆的原因。

小贴士

重水反应堆或轻水反应堆之争

1994 年 10 月 21 日,朝鲜和美国在日内瓦签署了《美朝核框架协议》。根据协议,朝鲜同意终止现有的核计划项目,而美国负责在 2003 年底前为朝鲜建造两座 1 000 兆瓦的轻水反应堆。在反应堆建成前,美国将同其他国家向朝鲜提供重油作为能源补偿。朝鲜坚持不要轻水反应堆,而要重水反应堆。美国态度强硬,坚决不同意。两国争论的焦点虽然是政治上的控制与反控制,但是根本在于重水反应堆可以源源不断地制造新的核燃料。

7. 核技术在动力方面有何应用？

核能开发之时正是"二战"激战之时，于是核武器成为核爆试验成功之后的首选应用。

核裂变反应是在铀235和中子的反应中发生的。只要铀235的浓度足够，就对中子的要求极低，即使是宇宙射线中的中子都可以。如此说来，这岂不是很危险？当把铀235浓缩到一定的浓度时，岂不就要爆炸了？事实上，尽管裂变会产生多个快速的高能中子，但是如果铀块的体积太小，中子还来不及与别的铀235相碰就飞出铀材料，这种情况称为"中子的逃逸"，裂变反应就不可能连续进行。如果铀块足够大，那么中子就能经过多次碰撞而变慢，有可能和铀235再发生裂变反应。当然，也会有许多中子逃逸。这个最低限度的铀体积就是临界体积，有时也以发生链式裂变反应的最低限度的铀块质量——"中肯质量"来表示。因为有临界体积，才使我们能够安全制备和储存核材料。我们只要把铀材料制成小于临界体积即可，在需要使用时再把它们合并成大于临界体积的铀块。以原子弹为例，在原子弹中的两块铀材料分别都小于临界体积，当需要它爆炸时，只要引爆填装在内的三硝基甲苯炸药，即可使两块铀材料合并为一块，从而超过临界体积的铀材料，再加上内部的中子反射层不让中子飞出，可保证有足够的中子使反应连续进行。

军事上的潜水艇也是核能作为动力的应用。旧式潜水艇动力使用柴油机，一是工作时声响太大，易被声呐探测到；二是所带燃油有限，造成待在水下的时间有限。用了核动力之后，潜水艇的隐蔽性增强，在水下可停留的时间变长。

核技术和平利用最普遍的就是核电站。全世界共有核电站400 多座,法国、日本、美国的核电占本国总电源的比例分别是80%,30%和21%,我国的核电仅占 2%。

中国已有的核电站包括杭州湾秦山核电站(1991 年)、广东大亚湾核电站(1994)、广东岭澳核电站(2003)和连云港田湾核电站(2004)。以秦山核电站为例,它是一个浓缩铀核电站,总计 40 吨。正常运转每年消耗总量的 1/3,即 14 吨左右,一辆卡车就可以解决。若使用优质煤来发同样的电量,则需要 100 万吨煤,光运输就需要万吨轮 100 艘,更何况这 100 万吨煤在燃烧过程中还会释放出 300 万吨二氧化碳、3 万吨硫氧化物、2 万吨氮氧化物,严重污染大气环境。所以,核电依然还是生产电力的发展方向。

小贴士

核电事故

核电站最关键的就是安全。世界上曾发生过几起重大的核电事故,其中最为重大的是 1979 年美国三里岛事件、1986 年苏联切尔诺贝利事件和 2011 年日本福岛核电事故。切尔诺贝利核电站出事后,由于核反应堆发生爆炸,核燃料炸得到处都是,根本无法处理,只能用非常非常厚的水泥掩埋起来。

一、化学向人类提供合理使用能源的方法

放射性元素能够自发地从不稳定的原子核内部放出粒子或射线(如 α 射线、β 射线、γ 射线等)，同时释放出能量，最终衰变形成稳定的元素而停止放射。这种性质称为放射性，这一过程叫做放射性衰变。

α 射线也称"甲种射线"，是放射性物质所放出的 α 粒子流。从 α 粒子在电场和磁场中偏转的方向，可知它们带有正电荷。由于 α 粒子的质量比电子大得多，通过物质时极易使其中的原子电离而损失能量，因此它能穿透物质的本领比 β 射线弱得多，容易被薄层物质所阻挡。从 α 粒子的质量和电荷的测定，确定 α 粒子就是氦的原子核。

β 射线也称"乙种射线"，它是由放射性原子核所发出的电子流。由于电子质量小、速度大，通过物质时不易使其中的原子电离，因此它的能量损失较慢，穿透物质的本领比 α 粒子强。β 射线实质上是高速运动的电子流。

γ 射线与 X 射线、光、无线电波一样，都是电磁辐射，是原子核内所发出的电磁波。伽马刀技术其实就是将放射性元素钴 60 自然衰变的伽马射线通过准直系统集聚在焦点，就像用放大镜把太阳光集聚在一起，产生一个很高的放射剂量区域。通过将肿瘤放置在这个高能量区域，来对肿瘤进行大剂量或致死剂量的照射，从而实现治疗肿瘤的目的。

放射性元素和射线在生活中已有应用,其中以制备标记原子最为突出。标记原子又称示踪原子,可以理解为是一种贴了标签的原子。碳 14 技术是其典型应用。

放射性元素碳 14 的半衰期为 5 730 年。对于生物活体,它会从外界不断地吸收碳 14,加上碳 14 的半衰期比较长,因此生物活体内的碳 14 含量基本不变。一旦生物体死亡之后,就失去了从外界补充碳 14 的可能,其体内的碳 14 含量就会不断减少,从其减少的量即可推断出该生物体的死亡时间。碳 14 技术不仅可以用于生物体的监测,还可以用于由生物体制造的东西,如由棉花制成的衣服、由竹子制成的竹制品等。例如,我国湖南 2 000 多年前的古墓马王堆挖掘出土后,经历史学家和考古学家推断出的年份与用碳 14 技术得出的结论完全一致。

小贴士

喝下去的水在体内停留多少时间?

解决这一问题,必须区别现在饮入的水与人体中原有的水。如果饮入掺有极少量重水的饮用水,连续监测排出的尿液,直到尿液中没有重水,这就是喝下去的水在体内停留的时间。实验结果确定为两个星期。实验中氘就是标记原子,可以用质谱仪来加以区别。

日常生活中人们离不开电池。与家里常用的 220 伏交流电源不同，电池是直流电，可以随身携带。电池又称为化学电源，这是因为电池的电流直接来源于化学反应。

电能的实质就是电流，而产生电流就要有电子的流动。在化学反应中，有一类反应有电子转移，如属于氧化还原反应的置换反应。锌铜电池的反应原理就是锌置换铜的反应：

$$Zn + CuSO_4 \longrightarrow ZnSO_4 + Cu$$
　锌　硫酸铜　　　硫酸锌　铜

在这个反应中，锌是"活泼"金属，铜是"不活泼"金属，所以锌将铜从硫酸铜中置换出来。所谓活泼金属，是指它很容易失去核外电子，而变成带正电荷的阳离子；所谓不活泼金属，是指它的阳离子更容易得到电子而变成中性的金属原子。在这个置换反应中，锌失去电子变成锌离子，铜离子得到电子而变成中性的铜原子。这是一个有电子得失的反应，反应过程中有电子的转移。

然而，我们并没有在这个反应中看到电流，这是因为它们之间的电子转移是在溶液中转移的。要想让这个反应产生电流，则要把失电子的反应和得电子的反应，分别放在两个隔离的区域内进行，让电子通过外部导线来转移，这样就有可能得到电流。

从原电池的示意图可以看到，右边锌和锌离子构成一个体系，可称为锌电极；左边铜和铜离子构成一个体系，可称为铜电极；

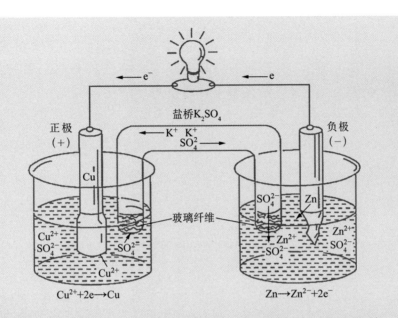

锌电极和铜电极分别放在两个烧杯里,中间用一根导线连接。就锌电极而言,如果锌失去电子而变成锌离子,溶液中阳离子增多,造成溶液中的离子电荷不平衡;同样,铜离子如果得到电子变成铜原子,也因溶液中阳离子减少而造成溶液中的离子电荷不平衡。图中装有硫酸钾盐糊状溶液的一根倒 U 形管盐桥,跨在锌、铜两个电极之间,用以帮助电极之间平衡电荷。当一个锌原子失去电子变成锌离子溶入溶液,盐桥中就会有一个带负电荷的硫酸根离子迁移到锌电极溶液中,以平衡多出的锌离子电荷;盐桥中带正电荷的钾离子也会迁移到铜电极的溶液中,去顶替已还原成铜原子的铜离子以平衡电荷。于是,只要有锌棒和铜离子在,这个反应就会源源不断地进行下去。在连接两个电极的导线中也就有电子不断地流过,这就是电流,接在导线中的小灯泡因此而点亮。整个装置就是化学电源锌铜电池的示意图。

10. 何为「一次」电池？

日常生活中接触到的电池大致有两类：一类为"一次"电池，也就是说，这种电池一旦用完就报废了；另一类为"二次"电池，是指它在用完后可以用充电的方法复原再次使用。

最早出现在生活中的电池是干电池。规格也只有一种——1号电池。干电池的电容量不大，只应用在间歇式的小电器中，如手电筒、电喇叭等。这种电池可称为锌-锰电池，主要是因为电池的负极材料为锌、正极材料是二氧化锰，电解质为氯化锌和氯化铵。锌不仅是电池的负极材料，还是电池的外包装材料。干电池中间突出的小铜帽为正极，外壳为负极。由于二氧化锰是粉末，小铜帽下插入一根碳棒以帮助导电。两层隔膜中间的电解液制成糊状，以限制其流动或泄漏，但又可实现离子的迁移。其中氯化铵的作用是促进化学反应的进行。

小贴士

变价金属也可作为电池的正极材料

在原电池的装置中，正负电极都是金属材料，为什么锌锰电池中的正极却是二氧化锰呢？原来锰是变价元素，二氧化锰中的锰是4价的，在电池中可以吸收锌所释放出来的电子而变成2价的离子。所以，只要能吸收电子的材料都可以用作电池的正极。

　　干电池有两个缺点：其一，随着电流的消耗，外包装的锌皮会越来越薄，甚至洞穿。糊状的酸性电解液也会渗漏，造成器件损坏。其二，在糊状电解液中离子的迁移速度受到限制，再加上锌皮的表面积有限，难以产生大电流。因此，这种电池在间歇性的电器上使用较为合适。

　　20世纪60年代出现了碱式锌锰电池，是对老式锌锰电池的改进。改进之处有三：一是将锌皮改为锌粉，大大提高了锌电极的表面积，也就提高了单位时间参与化学反应的锌原子数，这样就可以产生大电流。二是另选其他的金属材料作外包装，并做成全封闭状态，电解液不再会渗漏，用户可放心使用。三是电解液直接使用氢氧化钾的水溶液，加快了离子的迁移速度。另外，这种电池的储存性能较好，20℃下一年的损耗仅为5%～10%。

　　"一次"电池还有一种小型的纽扣电池，可以满足很多微小电器的需要，这就是锌银扣式电池。手表、笔记本电脑，以及有液晶显示的小型电器都使用这种电池。锌银扣式电池的原理十分简单，但制造工艺复杂，价格相对较高。缺点是只能使用在电流很小的场合。

电池给人们的生活带来方便，能不能有不报废、可以一直使用的电池呢？电池在用完之后能否再"复生"？

首先问世的"二次"电池是铅蓄电池，它的负极是金属铅板，正极是二氧化铅板，电解质是硫酸。放电时在正负极上都生成硫酸铅。硫酸在电池中，不仅传导电流，而且参与电池反应，也是反应物之一。随着放电的进行，硫酸不断减少，与此同时又有水生成，这样就使硫酸浓度不断降低；而在充电时，随着硫酸的生成，硫酸浓度不断增加。电池的使用者可以用比重计测量硫酸的比重来估计电池的荷电状况。铅蓄电池由于体积大、较笨重，只能用于功率较大的汽车、机场的平板车、电动助动车等处，无法用在小型的电器上。

为了满足小型电器的需要，化学家们研制出碱式镉镍可充电电池。镉镍电池可以做成 5 号电池大小，多使用于小型电器。它以金属镉为负极，利用镍的变价用氢氧化氧镍为正极，以氢氧化钾或氢氧化钠的水溶液为电解液。镉镍电池的额定电压为 1.2 伏，具有使用寿命长（充放电循环次数高达数千次）、机械性能好、自放电小、低温性能好等优点。

继镉镍电池之后又有氢镍电池和锂电池问世。锂电池在宇航和手机上得到广泛的应用。选择金属锂作为电极材料，当然是因为它的重量轻。锂电池还具有最高的比能量，即单位重量的电极物质能释放的电能量极大。例如，最早的心脏起搏器的电池只能使用 5 年，到时间之后必须开刀换新的心脏起搏器和电池。改换锂电池之后使用期限可以延长至 15 年。因为锂是不能遇水和

空气的金属,所以,电解液不能用水溶液,必须采用非水溶液;锂电池的密封程度极高,不能敲打和跌落,充好电的锂电池尤其要小心。目前,手机基本上全部使用锂电池,有些电瓶车开始用锂电池代替铅蓄电池,部分小汽车也配有锂电池。锂电池的缺点是寿命不够长和价格偏高。

小贴士

镉镍电池使用注意事项

(1) 充电时注意使用小电流、长时间。

(2) 必须在电量全部用完之后再充电。镉镍电池有"记忆"效应,如果老是用到一半就充电,它以后用到一半时就不工作了。

(3) 金属镉对人体有害,废弃的镉镍电池一定要定点回收。

12. 为什么要回收废电池？

20 世纪 70 年代，人们开始普遍使用一种经过充电可以反复使用的镉镍电池。电池中的负极材料镉是一种对人体有害的金属，它会引起骨痛病。如果把报废的镉镍电池随便乱丢，势必造成环境污染。世界各国相继制定了定点回收这种废电池的相应措施。

小案例

1955 年到 1957 年期间，日本中部富山平原地区出现了一些奇怪的病人。他们开始是腰、手、脚疼痛，继而全身骨痛，行动困难，出现骨萎缩、骨弯曲和骨软化的症状，并会莫名其妙地发生骨折。病人日夜卧床，不断喊痛，在"痛呀……痛呀……"的叫喊声中死去。日本人称这种病为"痛痛病"。

直到 1968 年才查明，这种"痛痛病"是由于日本三井金属公司排放含镉废水所致。排放的污水直接污染了河流和农田，当地居民就有人得了"痛痛病"。现代医学证实这种病症为急性镉中毒，并将此病定名为"骨痛病"。

大多数一次性电池都以锌作为负电极，作为一种活泼金属，锌会溶解在酸性或碱性溶液中，并产生氢气。因此，当电池不在使用状态时，就会由于氢气的产生而导致电池膨胀，甚至爆破。为了防止这种现象发生，通常在锌电极上覆盖一层汞。为此，所有以锌为负极的一次性电池必须定点回收而不能随便乱丢，否则电池中的汞会污染环境。

小贴士

汞(Hg)

汞俗称水银,是一种易流动的银白色液态金属。在测量体温的温度计和血压计中就使用了汞。汞很容易和别的金属形成合金。汞蒸气剧毒,会引发口腔炎、肌肉震颤和精神失常。

如果不小心把汞撒落在地上,由于汞的表面张力极大,瞬间汞会变成无数个细小的汞珠而难以收集和清理。此时最好的办法是在汞撒落的地方撒上一层硫黄粉,它会和汞发生反应而将汞固定住。

小案例

20世纪50年代初日本水俣湾附近发现了一种奇怪的病。这种病最初出现在猫的身上,病猫步态不稳、抽搐、麻痹,甚至跳海自杀,所以这种病被称为"猫舞蹈症"。

1953年人群中也出现了这种病。患者由于脑中枢神经和末梢神经被侵害,轻者口齿不清,步履蹒跚,面部痴呆,手足变形;重者精神失常,或酣睡,或兴奋,很快就会身体弯弓,惨叫而死。日本政府花了6年时间,终于弄清楚病因为急性汞中毒。

这些汞来自一家氮肥公司,其排放的废水中含有氯化汞,入海后与海草中的有机物作用,生成剧毒的甲基汞。海中的鱼和贝类摄入并富集在体内,人一旦食用了这些鱼和贝类,汞就转移到了人体内。

二、化学使人类能够丰衣足食

19世纪初化学家发现一个奇特的现象,在一些化学反应的体系中放入一些金属,反应速度就加快。更让他们百思不得其解的是,这些金属物质在反应结束之后重量和材质均未发生任何变化。很多化学家都重复出相同的实验现象。1836年瑞典著名化学家柏采利乌斯总结了这些实验,首次提出催化现象的概念,并创造了"催化剂"这个名词。

催化剂是能够提高化学反应达到平衡的速率,而在过程中不被消耗的物质。催化剂的研究蓬勃发展并取得令人欣喜的成果,其中最为特出的就是实现用氮气和氢气合成了氨,极大地提高了农业生产的产量。

农作物的生长需要从土壤中吸收多种养分,其中以氮元素最为重要,需要量也最大。1910年德国化学家哈伯尔成功地将氢和氮合成了氨。他采用催化剂成功地实现了氨的合成。

催化剂的存在,可以使化学反应改变原有的途径,大大地降低反应所需的活化能。

用催化剂可以在化学工业生产中实现原本难以实现的反应,也可以使原来的生产工艺变得更加简单易行。现今的化学工业几乎有85%的产品直接或间接与催化剂有关。

当然,催化剂也不是万能的,它绝不能对热力学上不可能进行的反应实现催化作用。例如,在常温常压又无外来功的情况下,水不可能分解为氢和氧,因此,永远不可能找到一种在这种条件下实现水分解来得到氢和氧的催化剂。

小贴士

催化剂能在反应后不被消耗的秘密

虽然催化剂在整个反应中不被消耗,但它是参与反应的。例如,在一个反应 A + B 中,它无法直接生成产物 P。加了催化剂 C 之后,反应物 A 很容易先和催化剂 C 生成中间化合物 A + C,这个中间化合物又很容易和反应物 B 发生反应而生成产物 P,同时,催化剂又在反应后恢复到原来的化学状态。因此,可以设想催化剂周而复始地进行循环的过程。

此外,催化剂具有敏感的选择性。对某一反应有极高催化活性的催化剂,对另一个反应可能完全没有催化性。利用不同的催化剂,可以使反应有选择性地朝某个所需的反应方向进行。

据 1984 年的联合国公报,全球有 2 000 万人(占总人口的 0.5%)因饥饿而死亡。另据报载,2003 年全球每天仍有约 2 万人饿死。自然界中有许多昆虫在和人类争夺粮食,每年因为昆虫就要损失 15%～30% 的粮食。人类要从虫口夺粮,杀虫剂也就应运而生。

人类最早使用的杀虫剂为配方式杀虫剂,就是化学家利用现有的矿物质或化学试剂、按比例制成的混合制剂。最有名的杀虫剂是玻尔多液(硫酸铜加石灰水),它曾经帮助欧洲扑灭一场迅猛蔓延的葡萄病虫害。直到现在,我们在每年冬天依然可以看到,绿化工人会在大树靠近地面的树干涂上一层白色的玻尔多液。虫子在过冬前会爬下树、在土中冬眠,第二年开春它想再爬回树干时,因为有了玻尔多液就不敢再爬。

1939 年瑞士的一位医生缪勒尔建议化学家主动合成专门用来杀灭害虫的化学物质。缪勒尔的这个建议促成了合成农药的出现。最先问世的合成农药是有机氯杀虫剂,代表产品就是 DDT。很短的时间内 DDT 就在全世界范围得到极为广泛的应用,并取得巨大的效果。

DDT 帮助欧洲消灭了一场迅速传播的瘟疫。那次瘟疫的传播源是老鼠身上的跳蚤,当把 DDT 喷洒在老鼠出没的地方时,跳蚤全被消灭了。

小案例

第二次世界大战期间，在一次伏击战役中，美国士兵因为不堪忍受昆虫叮咬的瘙痒，从隐蔽埋伏的草丛中站起身来，目标暴露致使整个战役失败。美国军方在愤怒之余做出一个决定，凡美国士兵所到之处，必须先喷洒 DDT，以防止此类事件发生。恰恰就是这个决定，使美国人在第二次世界大战中因传染病和瘟疫死亡的人数是全世界最低的。与之对比的是，德国士兵在第二次世界大战中因流行病和瘟疫死亡的人数，要比战场上死亡的人数还要多。

20 世纪 50 年代，上海家家户户都备有 DDT 手喷罐，目的是要消灭臭虫。臭虫藏在木缝或席缝中，晚上会爬到人的身上叮咬吸血，人被叮咬之后皮肤会起小包，奇痒无比。上海人将床板和席子放在室外，喷上 DDT 后臭虫们纷纷爬出，人们把烧好的开水往上一浇，臭虫全部死光光。

能杀臭虫的 DDT 对人当然也是不安全的。随着愈来愈多地使用 DDT，臭虫会产生抗药性，人们只能不断增加用量。喷洒的 DDT 流入水域，导致自来水和大米中也都出现过量的 DDT。卫生部门不得不下令禁用 DDT。

15. 是什么「神器」把害虫「扼杀在摇篮里」？

随着人口猛增和城市化进程加剧,人类拥有的可耕地面积愈来愈少。我国的情况尤为严重,人口约占全球总人口的 21%,而可耕地面积仅占 11%。人类社会可能出现严重缺粮的状态。为了提高粮食产量,大部分化学家全力倾注于合成杀虫剂,而有些化学家则另辟蹊径,将研究的视角转向昆虫自身。这些化学家在和生物学家的合作过程中发现,昆虫在不同的生长阶段,体内的化学物质会有变化,在昆虫体内起到特殊的作用。这样的研究开发了新一代的化学农药——"昆虫激素"。

化学家们发现,许多昆虫都有幼虫阶段,在进入幼虫阶段时,体内就出现一种特殊的化学物质。这种化学物质一旦消失,昆虫会立刻转入下一个生长阶段。这种化学物质是主宰昆虫是否处在幼虫阶段的关键物质,大家把它称为"保幼激素"。例如,苍蝇体内有保幼激素时,就会进入蛆的幼虫阶段,而保幼激素在体内消失时,它会立即进入蛹的阶段。

化学家们分离和鉴定出保幼激素的组成和结构,模拟合成出保幼激素,并且利用它去扰乱昆虫的生长规律。当把保幼激素洒在幼虫群中时,就能使幼虫体内一直留有这种物质,幼虫始终以为它们的幼虫阶段尚未结束,本该离开幼虫阶段的它们依然待在幼虫阶段。当然,生物有其自身生长规律,不可能永远待在幼虫阶段,终因正常的生理阶段被破坏而最终导致死亡。这种灭虫方法事半功倍,把害虫"扼杀在摇篮里"。

保幼激素还有其他的作用。众所周知,蚕也是一种幼虫。蚕

有自身的生长规律,到了一定的时间,不管个儿长得怎样,它们就不再吃桑叶,进入休眠状态,这是蚕准备离开幼虫阶段了。蚕农们在蚕休眠之前,将保幼激素撒在桑叶上喂蚕。由于蚕的体内始终有保幼激素,蚕就不会急着休眠,继续吃着桑叶。这样蚕在幼虫阶段多待了几天,自然个体就会长得更大一点。待到蚕吐丝结茧时,只好结一个较大的茧才能把自己裹起来。采用这种方法,中国蚕农每年可使中国丝的产量提高 10%。

保幼激素的成功,使更多的化学家投身于昆虫激素的研究。他们注意到自然界中有许多植物,天生就会产生和储藏许多用于防御昆虫的化学物质。例如,昆虫和鸟类不敢轻易去侵食楝树的叶子或种子,这说明楝树体内有让它们感到恐惧的东西——楝树会分泌出一种化学物质,一旦昆虫或鸟类在侵食楝树的叶子或种子时,它们就会变得不愿进食,像是得了"拒食症"。这些拒食剂被鉴定后发现包括苯酚类、醌类等化合物。化学家们只要模拟合成这种拒食剂,并做成诱饵,那么昆虫在吃了拒食剂后,不再需要人类捕杀,它们自己会在无法进食的状态下,静静地"自杀"身亡。

合成杀虫剂 DDT 的问世,带来有效的杀虫效果,也造成对环境的污染和对人体健康的威胁。化学家意识到,一味地在实验室内合成高活性杀虫剂,于人畜安全和环境污染而不顾,既没有尽到社会责任,也是一种不科学的表现。于是,全世界的化学家达成共识:在农药开发中安全是第一位的;提出化学家必须共同遵守的"八字方针"——高效、低毒、价廉、广谱。高效是指杀虫的活性高;低毒是指对人和牲畜的毒性低;价廉是指要减轻农民的负担;广谱则意味着一种杀虫剂可以杀灭多种类型的害虫。"八字方针"成为评价和衡量新开发的农药能否投入使用的标准。

小贴士

LD_{50}

对农药毒性的检测是通过动物试验来测定的。LD_{50} 是指能使一组被试验的生物群体中 50% 死亡的药剂量,通常以试验动物的每公斤体重来表示。LD_{50} 值越小,毒性越大。LD_{50} 被称为"半数致死量"。

我们常用的有机磷杀虫剂的 LD_{50} 都太小,对人畜有威胁。化学家想到自然界中有些植物天生就让昆虫对其感到恐惧。

印度盛产一种菊花,这种菊花在开花期间,没有一种昆虫敢停留在花上,即使你抓住昆虫把它放在花上,它也会挣扎着离开,

除虫菊　　　　　　　　　　　拟除虫菊酯

人们称这种菊花为"除虫菊"。科学家想到,在这种菊花里一定存在着一种使昆虫感到恐惧的物质。研究表明让昆虫感到恐惧的是一种叫"除虫菊酯"的酯类化合物。

除虫菊是天然的杀虫剂,但有其固有的缺点:首先是数量上不能满足市场需要,栽培除虫菊要受地理、气候等影响,有很大的局限性;其次,花中的有效成分含量极低,除虫菊酯只占干花的 1%,因而效率就不高。化学家在遇到类似的问题时,立刻就会想到人工合成。

尽管这种物质的化学结构比较复杂,但化学家还是模拟合成出一批结构类似的物质,它们有极高的杀虫活性,但对人畜是安全的,这就是"拟除虫菊酯"。至此,人们终于找到一种理想的杀虫农药。目前,拟除虫菊酯的产品已多达 50 多种,使用范围也日益扩展。生活中普遍使用的喷罐杀虫剂以及电蚊香等都含有拟除虫菊酯。例如,一种灭蟑螂的蓝罐喷剂效果特别好,杀虫剂一旦喷到蟑螂,蟑螂立刻就不能动弹。

非洲是全球缺粮重灾区。这不仅与非洲的政治、经济、民族冲突等问题有关，也与当地农业生产中遇到的一个问题有关。每当非洲农民将种子播下、种子破土出芽几天后，在粮食作物周围会长出许许多多亚细亚刚毛草。这是一种寄生草，它没有主根，无法从土壤中吸取养分，但它长了许多须根，这些须根会贴在粮食作物主根上掠取养分。问题的严重性还在于亚细亚刚毛草总是与粮食作物同步出芽。非洲农民称它为"魔草"！由于无法消除"魔草"的影响，非洲的粮食产量始终低下。这种现象现在不仅在非洲肆虐，还蔓延到亚洲。

科学家们来到非洲，希望找出能够制服亚细亚刚毛草的有效措施。当他们到达非洲看到寄生草能如此准确地与粮食作物同步出芽时被惊呆了。亚细亚刚毛草是怎么知道粮食作物破土出芽的？是谁为它们"提供了情报"？科学家们经过讨论，认为由化学物质来传递信息的可能性最大。原来无论是动物还是植物，在其生长过程中都会不自觉地分泌出一些化学物质，正是这种化学物质决定了动植物的各种气味，粮食作物也不例外。科学家们认为，亚细亚刚毛草的种子上，一定有个"化学雷达"，它能识别这种化学物质。当它检测出这种化学物质时，就知道粮食作物开始破土出芽，于是亚细亚刚毛草也就会迫不及待地破土出芽。但是，化学家们始终没有找到这种物质，没有找到的原因可能是仪器测试的精度不够。

20 世纪 80 年代初，在化学领域中出现核磁共振分析仪这种新的测试仪器，它能检测出更微量的化学物质，并且能够告诉你

这种物质的化学结构。化学家们带上核磁共振分析仪来到非洲，果然找到了粮食作物种子在破土出芽时所分泌的土壤中原先没有的化学物质。化学家们立即模拟合成一大批这种化学物质。在第二年春播之前，化学家们让农民先把这种化学物质的水溶液在整个土地上洒一遍。那些静静地躺在土壤里的亚细亚刚毛草种子们全都"收到情报"——粮食作物种子出芽了，于是它们迫不及待地纷纷破土出芽。这种寄生草只有4天的独立期，也就是说，只有4天时间它们不需要外界提供能量，第五天它们的须根必须贴在其他植物的主根上。可是这一次，它们贴来贴去贴不到其他植物的主根，第六天就全趴在地上死去，它们全都上了化学家的当。这一年非洲农民获得了空前的大丰收。化学家们如法炮制，在两年不到的时间里又消灭了棉田里的一种寄生草——独角金草。

农业的发展与科技的发展同步。人们会将科技成果应用于农业的生产实际,逐步从经验式的耕作过渡到更科学的经营中。

随着近代植物生理学的发展,人们逐渐掌握了农业生产过程中的一些知识和规律,其中又有许多与化学分不开。化学领域的发展,自然就促进了农业的发展。与传统农业相比,化学在近代农业中所起的作用更为显著,甚至起到举足轻重的作用。

现代农业大致包含以下内容:

(1) 气肥。现代化温室大棚蔬菜栽培,是指人们综合运用现代科学技术,人为创造出园艺作物生长发育的最佳环境和条件,从而获得高产、优质、高效园艺产品的栽培方式。

温室大棚栽培与大田栽培的最大区别在于首先是环境近乎封闭,植物生长需要的二氧化碳,不能像在大田里那样直接从空气中吸收,因此,必须在温室和大棚内向植物施加"气肥"——二氧化碳。向作物施放比在大气中高3～5倍的气肥,可以带给作物增强抗病能力、提前上市、增加产量的好处。

(2) 无土栽培。无土栽培是近几十年发展起来的一种作物栽培新技术。它不是在土壤里栽培作物,而是把作物生长所需要的营养物质溶于水中、配成营养液,通过一定的栽培设施形式,在一定的栽培基质中,用这种特别配制的营养液进行作物的栽培。因为不用土壤,所以称为"无土栽培"。无土栽培技术的出现,无疑使农业生产和栽培得以从被动转为主动。

　　(3) 地膜技术。近代农业中的一项新技术就是应用聚合物薄膜建造大棚或直接覆于大田的地膜技术。地膜技术使用的高分子材料常为聚氯乙烯,使用这种薄膜有许多优点:首先,塑料薄膜的透光性能相当好,仅次于玻璃。聚氯乙烯的透光率达 70％～80％(玻璃 85％～90％)。在阴雨天光线较弱时,塑料薄膜仍能透过大量的光(特别是紫外线),而光照是农作物进行光合作用必不可少的条件。其次,塑料薄膜能够起到保温作用。不仅可以减少因空气流动的热量损失,还由于薄膜本身的热传导性能较差,也不会轻易将热量散发出去。这样,在阳光充足的白天,光线透过薄膜可以使膜内温度升高;夜晚,薄膜又能保温,使农作物加速生长。塑料大棚具备暖房的条件,可以使农作物不受气候条件影响,一年四季随时都可培植。

　　我们的生活离不开农业,也离不开科学,只有靠新技术、新工艺的带动,农业才能紧跟时代的发展。

高分子化合物就是分子特别大的化合物,那么,多大的分子量才能算高分子化合物呢?几乎所有的高分子都是由一个个小的单元结构连接而成的,到了足够长之后,再往上加一个单元结构已经不影响它的物理和化学性质时,这个化合物就是高分子了。

化学家利用加成反应和缩合反应,能使分子变大。

(1) 加成聚合。以烯烃化合物特有的加成反应进行说明,烯烃中的一个键打开,相当于空出了两只手,可以接入别的元素或基团。加成反应能使分子变大,但是这样的加成反应是一次性的,所得到的产物离高分子相差甚远,而反应又不可能再继续。化学家让所有的乙烯分子全部打开一个链,使它们自己相互连接,于是反应就可以一直进行,产物分子不断增长,最终达到高分子的聚乙烯。利用加成反应的原理达到聚合的方法就称为加成聚合,简称加聚。下图为加聚的示意图。

（2）缩合聚合。缩合反应是指两个反应物缩去一个小分子，然后相互连接成一个较大的分子。以酯化反应为例进行说明，酯化反应得到的乙酸乙酯虽然变大，但没有达到高分子的程度，继续发生酯化反应也因羧基和羟基都已不存在而不可能。化学家使用二元酸和二元醇，让羧基继续与二元醇酯化、羟基继续与二元酸酯化，于是酯化反应可不断进行，让产物达到高分子的程度。这种利用缩合反应实现的聚合称为缩合聚合，简称缩聚。下图为缩聚的示意图。

图中两位男士双手拿着的每枝鲜花，代表羟基中的氢原子；两位女士双手拿着的每个花瓶，代表羧基中的氢氧根。当女士把花瓶放在地上、男士将花插入花瓶时，他们的手都空出来，就可以不断牵起手来。

化学家就是利用加成聚合和缩合聚合这两种方法，合成出许许多多的高分子材料。

20. 家中塑料知多少(上)?

塑料是指可以塑造的材料或者具有可塑性的材料。所谓可塑性,就是指当材料在一定温度和压力下,受到外力作用可产生形变,外力去除后仍能保持受力时的状态。目前塑料已经专指高分子合成材料。高分子塑料具有比重轻、强度高、化学性能稳定、电绝缘性好、耐磨擦、外观漂亮等优点。塑料已广泛地代替木材、不锈钢、有色金属和部分钢材。人们把塑料归为通用塑料、工程塑料和特种塑料3类。下面将列举日常生活中常见的7种塑料。

(1) 聚乙烯(通用塑料)。聚乙烯简称 PE,由原料乙烯经加聚而合成,乙烯为聚乙烯的单体。聚乙烯是饱和烃,结构与石蜡相似,化学性质非常稳定。

(2) 聚氯乙烯(通用塑料)。聚氯乙烯简称 PVC,是国内外产量最大的塑料品种,也是与日常生活关系最密切的塑料。聚氯乙烯热稳定性较差,在加工中会分解出少量氯化氢和氯乙烯气体,后者有致癌作用。在加工中要加入增塑剂邻苯二甲酸酯,根据加入增塑剂量的多少,可加工成硬制品(板、管)和软制品(薄膜、日用品)。增塑剂是有害物质,必须严格控制用量。

(3) 聚丙烯(通用塑料)。聚丙烯简称 PP,通常为半透明无色固体,无臭无毒。由于结构规整而高度结晶化,聚丙烯的熔点高达 167℃,因此,耐热、制品可用蒸气消毒是其突出的优点。聚丙烯无毒,无味,密度小,强度、刚度、硬度及耐热性均优于聚乙烯,可在 100℃ 左右使用,可用作食具等多种用品。

(4) 有机玻璃(通用塑料)。有机玻璃简称 PMMA,是一种高分子透明材料,化学名称是聚甲基丙烯酸甲酯。有机玻璃的透明度比无机硅酸盐玻璃还要好。如果在生产有机玻璃时加入各种

染色剂,就可以聚合成为彩色有机玻璃;如果加入荧光剂(如硫化锌),就可聚合成荧光有机玻璃;如果加入人造珍珠粉(如碱式碳酸铅),则可制得珠光有机玻璃。有机玻璃在制作模型和广告灯箱方面有极广的用途。生活中衣服钮扣和发夹等也都用它来制作。

(5) 聚苯乙烯(通用塑料)。聚苯乙烯简称 PS。因其具有良好的高频绝缘性能,而且透明无毒,是目前第三大塑料产品。聚苯乙烯有很好的加工性能,可采用常用的塑料加工方法制成薄膜、容器、玩具、发泡材料等。聚苯乙烯的发泡材料质轻,不透油,不漏水,是理想的快餐食品包装材料,但它不能降解,对环境会造成严重的污染,目前已经被限制使用。

(6) ABS 塑料(工程塑料)。ABS 塑料是丙烯腈、丁二烯和苯乙烯的三元共聚物,具备工程所需材料的特需性能,所以它是一种工程塑料。密码箱是用 ABS 塑料制成的民用产品,它轻巧却坚固、体积小却因有弹性而容量大、颜色亮泽且不易老化。

(7) 聚四氟乙烯(特种塑料)。因航天事业的需要,美国杜邦公司研究开发出一种可以耐高温的塑料——聚四氟乙烯。

21. 家中塑料知多少（下）？

小贴士

塑料王

聚四氟乙烯简称 PTFE，商品名为特氟隆（Teflon）。它是由四氟乙烯经聚合而成的高分子化合物，有如下特点：

（1）耐高温：一般塑料到 100℃ 以上就会软化，它却可以耐 350℃ 高温。

（2）耐腐蚀：几乎不受任何化学试剂腐蚀，被称为"塑料王"。

（3）质地致密光滑：用它做轴承，绝对不用加润滑油。

聚四氟乙烯有一款风靡全世界的民用产品，那就是不粘锅。有了不粘锅，人们在烹饪时再也不用担心粘锅了。

在制备塑料产品时添加的增塑剂邻苯二甲酸酯中，有一种常见的邻苯二甲酸二辛酯，就是媒体上经常报道的"DEHP"。DEHP 的作用类似人工雌激素，如果体内长期累积高剂量，可能会造成幼儿性别错乱，如男孩生殖器变短、性征不明显和女孩早熟等。目前虽无法证实 DEHP 对人类有致癌作用，但是它对动物会产生致癌反应。DEHP 被国际癌症研究中心划为第三类致癌物（即动物可疑致癌物），对动物还有致畸、致突变作用。

小案例

用聚氯乙烯袋（制备时添加 DEHP）贮存的血浆在 4℃ 保存 1 天后，有微量酞酸二辛酯进入血浆。病人输入这种血浆后，可引起呼吸困难、肺源性休克等，甚至引起死亡。

国家食品药品监督管理局曾在阿莫西林克拉维酸钾糖浆中检出邻苯二甲酸二异癸酯（DIDP），我国出口的辣酱也被检出有此添加剂。原来糖浆和辣酱瓶子的瓶盖有一个密封圈，密封圈在制造过程中加入 DIDP 这种添加剂，本来以为 DIDP 不溶于水，不会有问题。但是 DIDP 溶于油，辣酱在海运过程中溶于油的 DIDP 进入辣酱。大多数塑料都会添加增塑剂，所以一定要慎用塑料器皿。

小贴士

塑料制品的代码

市场上出售的塑料制品都被要求标上代码。例如，塑料容器的底部都会有一个三角形，中间有一个数字，这个数字就代表各种不同的塑料。常用的代码如下：

PET	HDPE	PVC	PE	PP	PS	
聚酯	高密度聚乙烯	聚氯乙烯	聚乙烯	聚丙烯	聚苯乙烯	聚碳酸酯及其他

我们在采购塑料制品时，可以根据底部的数字加以识别。

22. 不是人造的却为什么要叫它『人造纤维』?

人类穿衣原本是为了御寒,后来是为了文明,再后来是为了装扮自己。自然界能提供给人类的主要衣着材料种类极为有限,植物性的只有棉花和麻,动物性的只有羊毛和蚕丝,这 4 种材料又都和土地有关。随着人口的不断增加,可耕地面积的日益减少,人类最需保证的是粮食。

棉花等天然衣着材料都是由高分子物质"纤维素"构成的,自然界里由纤维素构成的物质很多,如木头、树皮、麦秆等,为什么它们不能成为可以用来纺纱织布呢? 原来纤维素构成的物质的构型并不相同:棉花的纤维素之间的结合是柔性的,可以纺纱织布;木头、树皮、麦秆等的纤维素之间的结合是刚性的,不能纺纱织布。

如果用化学的方法,破坏它们原来的构型,再形成与棉花类似的构型,就可以制成一种新的衣着材料"人造粘胶纤维"。用这种材料可以制成各种不同的纺织品:

长丝＋蚕丝──→绸缎,长丝＋棉花──→线绨;

短丝＋棉花──→人造棉,短丝(羊毛长短)──→人造羊毛。

由人造纤维制成的衣着材料有很多优点,如柔软、轻飘、舒适、色彩鲜艳、价廉物美,但它也有缺点,如缩水性大、定型性差、易绉。对这些纺织材料进行后处理加工,可以得到质量更高的纺织品。例如,将它溶于铜氨(氢氧化铜氨)溶液中再纺丝,便可制得颜色洁白、光泽柔和、手感滑软的优质人造棉──铜氨纤维;加入高分子树脂,制得的衣料称为富强纤维(富纤);用棉子绒为原

料,经醋酐处理的人造棉称为醋酸纤维。有了人造粘胶纤维,人类的衣着材料丰富多了,目前这种衣料为衣料总量的 1/3 左右。

实际上,将这种纤维叫做人造纤维并不确切,因为这种材料本身就是天然纤维。确切地说,它应该是改造纤维或再造纤维。

合成纤维是通过化学反应、将小分子聚合成高分子的纤维材料,是真正的人工制造的纤维材料。常用的合成纤维有腈纶、涤纶和锦纶3种。

(1) 腈纶。将丙烯腈分子中双键的一个键打开并相互连接,就成为聚丙烯腈,这就是腈纶。腈纶的性能极似羊毛,弹性较好,伸长20%时回弹率仍可保持65%,蓬松卷曲而柔软,保暖性比羊毛高15%,有"合成羊毛"之称。它还有易染、色泽鲜艳、耐光、抗菌、不怕虫蛀等优点。腈纶可纯纺或与天然纤维混纺,其纺织品被广泛用于服装、装饰等领域。

小案例

20世纪60年代初的夏日,服装商店的橱窗里挂出一件白衬衣,洁白笔挺,薄到半透明的程度。这就是"的确凉"新款衬衣,虽然价格不菲,但极具诱惑力,在夏天谁不想穿凉快的衣服? 其实"的确凉"的衣料就是涤纶(聚酯)。

(2) 涤纶(聚酯)。腈纶是用加聚的方法合成,而涤纶则是用缩聚来合成,用二酸和二醇的酯化反应就能得到涤纶。

涤纶面料具有以下特点:有较高的强度与弹性恢复能力;吸湿性较差,穿着有闷热感,同时易带静电;抗熔性较差,遇着烟灰、火星等易形成孔洞;耐各种化学品性能良好,不怕酸和碱,不怕霉菌,不怕虫蛀。

　　涤纶常与天然织物混纺：与棉混纺称为涤棉;与羊毛混纺称为涤毛。这种混纺面料更受大众欢迎,因为它保留了棉或羊毛天然的优点。

　　(3) 锦纶(尼龙)。
　　锦纶俗称尼龙,简称 PA,是美国杜邦公司开发的聚酰胺,是由一种叫酰胺的单元结构连接起来的高分子化合物。锦纶的最大优点是强度大、弹性好、耐摩擦。其强度比棉花大 2～3 倍,尼龙绳的强度比同样粗细的钢丝绳还要大。锦纶的耐磨性是棉花的 10 倍,比棉花轻 35％。另外,它还耐腐蚀和不受虫蛀。所以,锦纶虽然不适宜做内衣,但用来做外衣却有耐磨、保暖、防水、质轻的优点。锦纶的缺点是耐光性差,长期光照则发黄。虽然它的透气性较差,但因为它有很强的牢度,依然成为女性透明丝袜的主要材料。用尼龙丝制成的拎袋,承载量很大;钓鱼线和渔网也已全部用尼龙来做。锦纶的另一个应用是作为降落伞的面料。过去降落伞的体积和重量让伞兵收伞极其困难,改用锦纶之后,一切都变得很简单。

三、化学能保护和改善
人类赖以生存的环境

相信大家一定见过长江的中下游,基本上是混浊的泥水,但是你相信上海使用的清澈的自来水就是以长江系水源而制备的吗？那混浊的泥水如何变成清澈的自来水？我们从自来水厂的生产过程说起。

首先,用泵将来自水源的水打入沉降池,让水中的泥沙沉降。水中细微的泥沙颗粒,特别是形成胶体状的固体颗粒不易迅速沉降,为此需要加入化学沉降剂——硫酸铝。硫酸铝是容易溶于水的晶体物质,一旦进入水中,即发生水解反应,生成不溶于水的乳白色絮状沉淀物——氢氧化铝。在自身迅速沉降的过程中,氢氧化铝的吸附性会把周围的固体杂质一同带着沉降,这样就可以在较短的时间内,让泥水变得清澈。

小贴士

新型化学沉降剂高铁酸钠

硫酸铝有快速沉降作用,价格也比较便宜,长期以来广为使用。虽然氢氧化铝是不溶于水的沉淀,但是天天使用的自来水总是使用了铝剂。医学证明铝容易引发老年痴呆,于是就有新的化学沉降剂高铁酸钠出现。高铁酸钠溶于水也发生水解反应,生成的氢氧化铁和氢氧化铝一样,具有快速沉降的效果。同时,反应过程中铁离子从 +6 价变为 +3 价,具有很强的氧化性,反应过程中能释放大量的新生态氧,可以非常有效地杀灭水中的病菌和病毒。

其次,沉降池上部的清水经过沙滤后送到曝气池。在曝气池的底部,有许多打了孔的管子,利用压缩空气可以将水池中的水吹起并翻腾,这样做的目的是赶走水中易挥发和有异味的物质,让自来水中没有不愉快的味道。

最后,水厂还要把水中的细菌,特别是大肠杆菌去除,杀菌是采用氯气消毒的办法。氯气溶于水生成盐酸和次氯酸,次氯酸是不稳定的化合物,会很快释放出新生态氧。它的化学反应能力极强,无论遇到什么,立即就会和它发生反应,细菌也不例外,真正起到消毒杀菌的就是次氯酸。另外一种消毒杀菌方法是使用臭氧消毒。

经过这些步骤,混浊的泥水就变成了可以使用的清澈的自来水。但是应该清楚这些步骤中未曾涉及溶解在水中的化学物质,所以对自来水的水源有一定的要求。根据外观混浊度、固体颗粒物,以及溶解在水中的各种化学物质,水质通常被分为 5 类,一类最好,五类最差。自来水的水质要求是优于三类。

自来水来之不易,我们在使用时一定要珍惜每一滴水!

自然环境是人们赖以生存和发展的必要物质条件,是人类周围各种自然因素的总和,由空气、水、土壤、阳光、生物圈(包括动物和植物)等组成。对于人类而言,水必不可少。水在人体中的比例为 59%～66%。一个人在没有食物却有水的环境下可以存活 7 天,在有食物却没有水的环境下只能存活 3 天。由此可见,人类的生存与水资源息息相关。

尽管地球表面的 70.8% 被水覆盖,但绝大部分是含盐量超过 3% 的海水,而维持人类生命活动所需的则是淡水。然而,有些淡水资源(如高山上的冰川、两极的冰块)目前无法利用,人类真正能够利用的淡水资源只占地球全部水量的 1% 不到。

我国淡水资源总水量为 2.8 万亿立方米,排世界第 6 位,人均占有水量却仅为 2 200 立方米,位于世界第 108 位,为世界人均占有量的 1/3。日本的人均占有水量为 4 716 立方米,美国为 13 500 立方米。

人类社会的迅猛发展,使淡水资源受到污染,有些原本不缺水的城市也闹起水荒。联合国专家预言,21 世纪全球最缺饮用水的六大城市中,我国上海也名列其中。随着人口的不断增长,全世界淡水的需求量猛增,人类的饮用水遇到严重危机。目前,全世界有 80 个国家、约 15 亿人口面临淡水不足,其中 28 个国家的 3 亿多人口完全生活在缺水状态,而且还不断会有国家加入其中。联合国已将我国列为全球最缺水的 13 个国家之一。我国约有 183 个城市缺水,其中 40 个有供水危机。我国的北方地区,尤其是西北地区更为缺水。

　　自来水水源的水质要求是必须优于三类,即为二类或一类。上海市内河道的水质无一合格,上海自来水厂只能到黄浦江上游或长江出海口这些水质稍好的地方取水。面对如此严峻的局面,我们每一个人都必须树立水资源的忧患意识。保护人类赖以生存的水资源,人人有责!

小贴士

节约用水

(1) 要节约用水,切勿浪费! 浪费可耻,节约光荣。

(2) 千方百计开发海水淡化,充分利用海水。

(3) 大力提倡使用节水装置、雨水收集器等。

26. 市场上的饮用水有哪几种？

以前我们都是直接将自来水煮开作为饮用水，但是我们从自来水制备过程可以看到，那些看上去清澈透明的自来水中溶解的化学物质并没有变化，也就是说，在浑浊的水源中有什么化学物质，甚至有多少尿，在自来水中就有什么样的物质；如果水源受污染严重，自来水中的杂质也会超标；如果水源勉强达到三类水质，直接饮用自来水会影响人体健康。出于自身健康和安全考虑，为了提高生活质量，很多人不再直接饮用自来水，市场上也出现了形形色色的饮用水。

（1）矿泉水。矿泉水最初是指在特定地质条件下形成，并存在于特定地质构造岩层中的地下水，其中含有特殊的化学成分或具有特殊的物理性质。现在我们把不管山上流下来、还是地底冒出来、只要没有受到污染、有害物质不超标的天然水都叫"矿泉水"。我国是一个泉源丰富的国家，所以很快全国各地都有矿泉水出售。

（2）蒸馏水。蒸馏水是利用蒸馏手段得到的一种纯水。当将含有不挥发杂质的水进行蒸馏时，原本溶在水中的这些杂质不会随水蒸气带出，得到的就是不含不挥发杂质的纯水。使用蒸馏的方法，虽然可以将水中的不挥发物质（如钠、钙、镁、铁的盐类）除去，但微量溶解在水中的氨、二氧化碳及其他气体和挥发性物质会随着水蒸气一起进入冷凝器，转而又溶入水中。相对于矿泉水，蒸馏水已经是"纯水"了。如果在蒸馏器上部开口，放掉一些水蒸气，这样就可以将挥发性气体带走。加热需要能量，快速冷凝又需要能量，因此，使用蒸馏的方法制备饮用水，成本比较高。办公室或家庭中所用的桶装水多数是蒸馏水。

（3）反渗透水。反渗透水是一种接近纯水的饮用水,是采用自然界渗透现象的逆过程实现的净化手段。有关反渗透水的介绍详见本书 27 问"'太空水'是在太空制备的吗?"

（4）生饮水。生饮水是将自来水进行处理后,使其水中的有害化学物质达到饮用标准的水。通常采用活性炭的吸附处理。活性炭是一种吸附能力极强的多孔材料,它的表面积极大,每克活性炭的表面积高达每克 1000 平方米以上,自来水中的有色、有异味或过多的有害化学物质,会被活性炭吸附在表面。需要注意的是,任何吸附剂都会吸附饱和,所以,要定时更换或处理吸附剂,否则喝到的是比自来水更糟糕的水。

27.「太空水」是在太空制备的吗？

　　"太空水"是反渗透水的别名，这种水最初是为宇航员制备饮用水而设计的。要了解反渗透水，首先要了解渗透的原理。渗透是自然界中极为普遍的现象，如植物就是靠根部的渗透来吸取水分，渗透平衡对人的生命活动也极为重要。

　　渗透依靠半透膜材料实现。半透膜是可以让水自由通过、其他化学物质则无法通过的一种膜。如下图所示，如果在半透膜的左边是纯水，右边是溶液，就会发现从纯水这边通过半透膜的水会比从溶液那边通过半透膜的水来得多。于是，纯水这边的液面下降，溶液那边的液面上升，到一定的液位差达到平衡，这就是渗透现象。

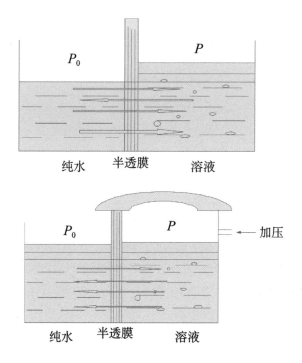

纯水　　半透膜　　溶液

纯水　　半透膜　　溶液

　　如果将溶液上方封闭,并且使溶液上方的压强大于纯水上方的压强,溶液中就会有水通过半透膜而流向纯水,这就是反渗透。反渗透水就是从溶液里反渗透出来的,关键是这张半透膜除了让水分子通过,不会让其他化学物质通过,从而获得"纯净"的饮用水。

小贴士

输液的学问

　　在医院输液很是平常,输液也与渗透有关。如果输液的浓度低于红细胞内的浓度,血液中的水就会向红细胞内渗透,红细胞迟早要爆破;而当输液的浓度大于红细胞内的浓度时,红细胞内的水向红细胞外渗透,红细胞迟早会干瘪。所以,医院里的输液是经过特别配制的"等渗输液"。千万不要小瞧再平常不过的输液,疏忽了的话会送命的。

28. 喝矿泉水是最好的选择吗？

面对如此众多的饮用水品种,究竟应该怎样选择? 有人说应该喝矿泉水,因为矿泉水能够提供人体生命活动所必需的生命元素,价格也比较便宜。当饮水机和它上面的蒸馏水桶一起从国外引进之后,有人说喝蒸馏水好,因为它绝对不会含有对人体有害的化学物质。

小案例

有家矿泉水企业为了夺回被蒸馏水抢走的市场,做了这样一个电视广告:镜头中用两个玻璃杯分别装矿泉水和纯水,一个星期后装矿泉水的杯子上的洋葱长出许多根,而装蒸馏水的杯子上的洋葱没有长出根来。代言人告诉大家:矿泉水富有营养,对身体健康有益。

装矿泉水杯子上的洋葱一周长出根,说明不了矿泉水比蒸馏水更好。洋葱是植物,它必须从水中吸取营养,而人吸取营养的主要渠道是一日三餐。

如果一个人每天饮水 1500 毫升,以上海自来水为例,计算出他可以获得的矿物质如下:

铜(毫克)	铁(毫克)	锌(毫克)	镁(毫克)	钙(毫克)	硒(毫克)
0.03	0.04	0.66	0.63	60.00	0.45

如果他一日三餐平均吃入大米 300 克、青菜 200 克、肉、鱼、黄豆各 50 克、鸡蛋半个,可获得的矿物质如下:

铜(毫克)	铁(毫克)	锌(毫克)	镁(毫克)	钙(毫克)	硒(毫克)
4.26	13.53	9.27	156.75	904.75	73.82

从上述数据可知,一日三餐吸收的矿物质是饮水吸收的几十倍,甚至上百倍,后者可以忽略不计。可见,摄取矿物质并不是选择饮用水的理由。

选择饮用水完全取决于下面3点:

(1) 个人的爱好。每个人都会有自己喜欢的口感,符合口感就是最好的选择。

(2) 价格的高低。饮用水的价格虽然相差不多,但是日积月累下来,差别就会很可观。

(3) 心理的满足。有人对水中的有害物质十分敏感,一旦误入就会极度紧张,这就不如选择饮用纯水。

小贴士

这种矿泉水你敢喝吗?

有些矿泉水制造厂家为了吸引客户,大力宣传矿泉水富含人体健康所需的矿物质,矿泉水瓶上的标贴都会重点标注某种矿物质元素"大于××"等。但这样的饮用水你敢喝吗? 人体需要的这些物质都有一个适合的范围,而不是愈多愈好。正确的写法应该是大于多少、小于多少,给出一个范围区间。水中含有的矿物质大到哪里都不知道,谁还敢喝?

人们发现全球气候正在变暖。1993 年 1 月 20 日大寒,是一年中最冷的节气,而广州市的气温高达 28℃,街上许多人赤着膊,这十分罕见。上海连续 16 年暖冬,下雪成了稀罕事儿。科学家把这种现象称为温室效应。

地球气候变暖的一个直接效应就是使海洋水体的体积膨胀,高山积雪和两极冰块熔化,北极圈冰层面积已从 700 万平方公里缩减到 531 万平方公里,导致海平面上升。20 世纪,地球的平均气温升高了 0.5℃,海平面升高了 300 毫米。

中国科学院曾预报,2030 年海平面将上升 500～700 毫米。若海平面上升 1 米,尼罗河三角洲将全部被淹,沿海的大城市将遭遇灭顶之灾。陆地大量减少。北极大量冰山融化,北极熊只能在冰块之间跳来跳去,母熊为防幼仔落入海中,要到阿拉斯加去产仔,然后再领回北极。《人民日报》2001 年 11 月 20 日曾报道,由于温室效应导致海平面上升,图瓦卢被迫全国移民。

造成温室效应的直接原因是人类过多地排放温室气体,其中主要是二氧化碳和甲烷等。自然生态平衡消耗不了那么多的二氧化碳,于是它们就积聚在大气的平流层中,把地球严严实实地围了起来,犹如一个玻璃罩子。晚上地球散发的热量被平流层的二氧化碳挡了回来,造成地球表面的热量散发不掉,温度自然就升高了。

二氧化碳大量排放,是因为人类过多地使用矿物燃料,包括煤和石油制品。它们燃烧的产物就是二氧化碳,这部分二氧化碳占大气中二氧化碳的 70% 左右。此外,滥伐森林、破坏绿色植被也是重要原因。据统计,全球平均每年以 900 万公顷(1 公顷 = 104 平方米)到 2 400 万公顷的速度砍伐森林。森林是大气的"清洁工",通过光合作用可以吸收大量的二氧化碳、释放出氧气,对全球气候起着重要的调节作用。而森林的减少就不可避免地使大气中二氧化碳含量增加。

为了防止温室效应进一步加剧,人类必须控制对矿物燃料的使用。以秦山核电站为例,若以煤来发电,那么 100 万吨煤将产生 300 万吨二氧化碳。其次,必须保护好森林和植被,加强绿化。此外,还要注意其他温室气体(如甲烷等)的过度排放。

小贴士

温室气体和温室效应

大气层中主要的温室气体有二氧化碳、甲烷、一氧化二氮、氯氟烃及臭氧。大气层中的水气虽然是天然温室效应的主要原因,但普遍认为它的成分并不直接受人类活动的影响。

温室效应是由于人类对大气实施污染而出现的异常气候现象之一。

现象:地表温度升高;

成因:人类过多排放温室气体(主要是二氧化碳);

危害:海平面升高,陆地减少;

防止:减少和控制矿物燃料的使用,大力保护绿化。

30. 女神雕塑的鼻子被谁偷走了？

降雨是一种正常的气象现象，它涉及环境中化学物质的循环。自然界正常的雨雪呈弱酸性，pH 值约为 5.6，这是因为大气中的二氧化碳溶于其中形成碳酸所造成。

随着大气污染日益严重，世界各地都出现了酸雨现象，有些地区雨水的酸度竟然达到 pH＝3。西欧和北美是世界闻名的酸雨区，我国西南和中南地区也已成为世界第三大酸雨区。20 世纪 80 年代初，重庆南山风景区 2.7 万亩马尾松突然死亡 1 万亩，这是我国首次发现酸雨造成的急性伤害事件，当时雨水的 pH 值为 3。

这些都是酸雨造成的！

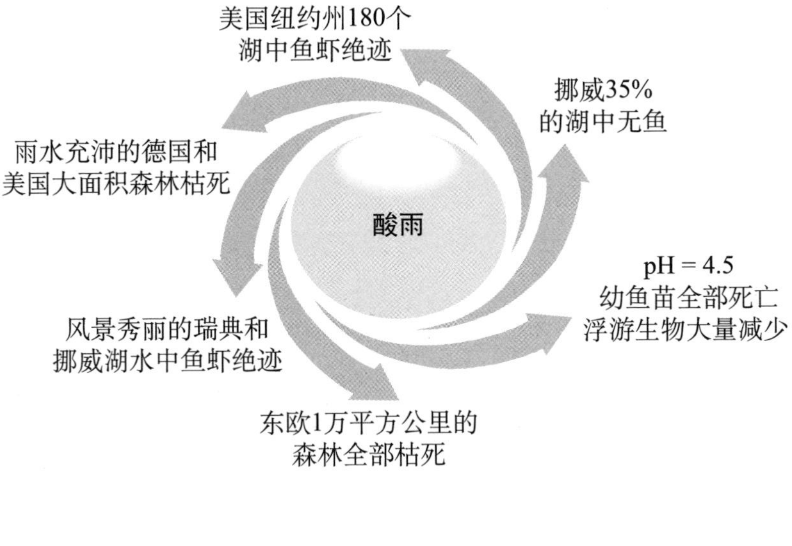
美国纽约州180个
湖中鱼虾绝迹
挪威35%
的湖中无鱼
雨水充沛的德国和
美国大面积森林枯死
酸雨
pH = 4.5
幼鱼苗全部死亡
浮游生物大量减少
风景秀丽的瑞典和
挪威湖水中鱼虾绝迹
东欧1万平方公里的
森林全部枯死

　　造成酸雨的主要原因是人类过多地排放酸性氧化物气体,如氮和硫的氧化物,它们主要来自于煤的燃烧。

　　酸雨对人类造成了极大的危害:

　　(1) 医生们指出,硫酸雾或硫酸盐雾的毒性比二氧化硫本身更甚,会引起肺气肿和肺硬化等疾病。

　　(2) 酸雨使水体酸化,严重影响水生动植物的正常生长。实验证明,若河水的 pH 值为 6.0,已不适合鱼类生存;pH 值为 5.0 时,水中已没有鱼类;当水体的 pH 值为 4.0 时,鱼虾均不能生存。

　　(3) 酸雨会加剧对建筑材料(包括金属和碳酸钙类石材)的腐蚀。所以,女神雕塑的鼻子是被酸雨悄悄偷走的。

　　(4) 酸雨使土壤酸化,导致植物大片死亡。

　　为了防止酸雨的出现,我们必须控制燃煤的使用量和使用方式,使用更经济而清洁的能源,如发展和使用核能。

　　由于酸性气体是会漂移的,释放酸性氧化物气体之处不一定发生酸雨,如加拿大的酸雨就是美国释放的气体漂移所致,因此,防止酸雨的蔓延应该是全球合作的任务。

20 世纪 80 年代,随着改革开放的逐步深入,为了满足人们快节奏的生活,快餐业悄然兴起。经过发泡处理的聚苯乙烯制成的快餐包装盒,立刻占领市场,这是因为它具有质轻、坚固、卫生、不漏水、不渗油、成本低廉等优点。这种快餐盒首先在铁路上应用,深受大家喜爱。人们乘火车吃完快餐,随手就将空盒往窗外一扔,久而久之,在铁路两旁形成两条白色带。更为甚者,凡是有快餐的地方,就有白色快餐盒出现。

然而,人们并不知道聚苯乙烯这种材料有个致命的缺点,就是它的化学稳定性极好,在自然的条件下不会降解。这种饭盒放在野外,哪怕 100 年后,仍然是一个聚苯乙烯的饭盒。

"白色污染"泛指人们对塑料垃圾污染环境的形象称谓,是指用聚苯乙烯、聚丙烯、聚氯乙烯等高分子化合物制成的各类生活塑料制品使用后被弃置成为固体废物,由于随意乱丢乱扔,难于降解处理,以致造成城市环境严重污染的现象。

2007 年 12 月 31 日,中华人民共和国国务院办公厅下发了《国务院办公厅关于限制生产销售使用塑料购物袋的通知》。这份被称为"限塑令"的通知明确规定:"从 2008 年 6 月 1 日起,在全国范围内禁止生产、销售、使用厚度小于 0.025 毫米的塑料购物袋","自 2008 年 6 月 1 日起,在所有超市、商场、集贸市场等商品零售场所实行塑料购物袋有偿使用制度,一律不得免费提供塑料购物袋"。"限塑令"得到了人民群众的支持和理解,如消费者外出购物自带包袋、购物袋多次重复利用等。

消除白色污染可以采取以下措施：

(1) 寻找一种能替代聚苯乙烯的材料,这种材料可以在自然条件下发生降解而自行消失。如采用纸浆饭盒或采用可以降解的合成材料。

(2) 对聚苯乙烯饭盒实施回收再利用。将废饭盒回收,经过清洗处理后,再加热熔化压制成有用的东西。如 4 个废饭盒就可制成一把小学生用的直尺,12 个废饭盒就可制成一个笔筒。

(3) 加强环保意识的宣传和教育。

32. 为什么烟雾也会「杀人」?

小案例

伦敦烟雾

1952年12月4日,一股强冷空气进入伦敦泰晤士河流域,而逆温气象又在冷空气上罩入一层暖空气。从傍晚开始,出现浓雾和0℃以下的气温,成千上万的居民在家中燃煤取暖,大量的二氧化硫被释放到大气中。第二天气温仍然在0℃以下,居民们仍然靠煤取暖,加上工厂所排放的烟雾和化学物质,在6日白天,整个伦敦上空十几公里范围内乌黑一片,几乎没有阳光透过,空气似乎也凝住了。人们感到呼吸困难,晚上只能坐着睡觉,否则就会有窒息感。到了8日,有100多人死于心脏病,成千上万的人突患呼吸道疾病,医院全部满员。直到9日,雾才慢慢散去。在这4天里,伦敦比平时多死亡4 000多人,在以后的几天里又陆续死去4 000多人,总共有8 000多人成为这次烟雾的受害者。这就是闻名世界的伦敦烟雾,又称煤烟烟雾。

伦敦烟雾事件的直接原因是燃煤产生的二氧化硫和粉尘污染,间接原因是开始于1952年12月4日逆温层所造成的大气污染物蓄积。伦敦烟雾属于煤烟型污染。

小案例

洛杉矶光化学烟雾

与伦敦烟雾不同,1943年5月至10月首发于美国洛杉矶的光化学烟雾,不是发生在寒冷和潮湿的气候里,而是发生在阳光明媚的日子里。汽车排放的大量废气,包括二氧化碳、氮氧化物以及碳氢化合物,在逆温和强烈阳光的作用下,形成以臭氧为主的光化学烟雾。洛杉矶有 250 万辆汽车,每天燃烧 1 100 吨汽油,汽油燃烧后产生的碳氢化合物等在太阳紫外线照射下引起化学反应,形成的浅蓝色烟雾使很多市民患有眼红、头疼等。1955 年和 1970 年洛杉矶又两度发生光化学烟雾,1955 年有 400 多人因五官中毒、呼吸衰竭而死,1970 年全市 3/4 的人患病。

小案例

雾霾天气

中国不少地区将雾霾作为灾害性天气现象进行预报,雾霾是雾和霾的组合词,常见于城市。雾霾是特定气候条件与人类活动相互作用的结果。高密度人口的经济及社会活动必然会排放大量细颗粒物,一旦排放超过大气的循环能力和承载度,细颗粒物浓度将持续积聚。此时,如果受静稳天气等影响,极易出现大范围的雾霾。

雾霾天气是一种大气污染状态,雾霾是对大气中各种悬浮颗粒物含量超标的综合表述,尤其是空气动力学当量直径小于等于 2.5 微米的颗粒物(PM2.5)被认为是造成雾霾天气的"元凶"。雾霾危害身体健康有两个途径:

（1）通过呼吸道：吸入雾霾重金属有害微粒，进入肺部伤害呼吸道。

（2）通过皮肤毛孔：人们常常认为雾霾只会通过呼吸道伤害身体健康，其实雾霾无孔不入，侵害身体健康最大的途径是通过皮肤毛孔进入身体后再进入血液。

小贴士

雾和霾

雾和霾的区别主要在于：水分含量达到 90% 以上的叫雾，水分含量低于 80% 的叫霾，水分含量在 80%～90% 之间的是雾和霾的混合物。霾和雾有一些肉眼看得见的"不一样"：雾的颜色是乳白色、青白色，霾则是黄色、橙灰色；雾的边界很清晰，过了"雾区"可能就晴空万里，霾则与周围环境边界不明显，城市化和工业化是霾产生的主要因素。

四、化学能帮助人类
防患于未然

打火机是日常生活中的常用物品。它就是一个人为的火源发生器，可以用来点燃灶具或者烟支。打火机从最初发展到现今，已历经 4 代。

打火机的构造并不复杂，由两部分组成：一是燃料，二是火花发生器。第一代打火机是汽油打火机，出现在 20 世纪 30 年代。在一个金属盒内填充棉花，燃料汽油就储存在棉花中，有一根引线露出在外。引线旁有一个砂轮，只要用手指拨动砂轮，砂轮就会摩擦一根类似铅笔芯的小金属棒，并发出一串火花，随即点燃汽油引线而形成火焰。这根小小的金属棒，是铈和铁的合金，极易和空气中的氧发生氧化反应，摩擦产生的热量足以引发这种反应而产生火花去点燃饱含汽油的引线。

汽油打火机当时因价格不菲而难以普及，仅在上流社会中使用。此外，这种打火机也有两个缺点：其一，汽油的挥发性不够大，气温低时往往打不出火来；其二，汽油燃烧时需要更多的氧，当氧供应不足时被点火的物件会被不完全燃烧产生的碳粒熏黑。

第二代打火机出现在 20 世纪 50 年代。打火装置没有变化，燃料换成液化石油气，确切地说是换成液化丁烷气，外形也制成轻巧的塑料形。由于燃料使用气体，因此整个燃料储存器是密封的，在转动砂轮的同时自动打开阀门。这种打火机的结构简单、价格低廉、使用方便，更不受气温限制，立刻风靡全球。但是这两种打火机有一个共同的缺点，那就是发火装置需要去摩擦砂轮，手指难免有些不舒服。

　　第三代打火机的外形和燃料未变，但打火装置已改为压电陶瓷。这种压电陶瓷在受压情况下会发生形变，同时产生高压静电，在阀门打开的同时，所产生的高压静电就会迸发出火花，去点燃喷出的丁烷。后来又出现的防风打火机，其实就是在燃气通道中加上一圈金属丝，即使打火机的火焰被风吹熄，但是烧红的金属丝能让继续通过的燃气再次被点燃。

　　第四代打火机因为怀旧，形状又回到第一代打火机的设计，但汽油燃料却换成沸程更低的石脑油。石脑油的挥发性更好，点火更容易，同时也不会发生燃烧不完全的情况。

家庭能源对于人类生活不可或缺,因为烧水煮饭离不开它。最初,农村居民大多以燃烧树木和稻草来获取能量;城市居民则使用燃煤来获得能量,包括直接燃烧煤块、煤球或煤饼等。随着生活水平的提高,人们使用上更方便、更清洁的气体燃料——城市煤气。

最初,城市煤气的成分为一氧化碳和氢气的混合气,通过管道传输送到千家万户。一氧化碳和氢气都是可燃性气体,这种混合气有两个缺点:一是混合气中的一氧化碳是有毒气体,一旦泄漏会使人中毒甚至死亡。二是煤气如若泄漏,当浓度达到一定浓度时,一个小火花就能引发巨大的爆炸。

发达国家早已淘汰使用混合气的管道煤气,采用以甲烷为主的煤气。这是在催化剂的帮助下,将混合气转变为甲烷。虽然成本略高,但甲烷的燃烧热值比混合气高出两倍,更重要的是如若甲烷泄漏,不会使人中毒,当然更安全。上海正在逐步过渡使用天然气,浦东地区已全部使用东海气田的天然气,浦西部分地区从 2004 年元旦起开始使用西气东输的天然气。因为天然气的主要成分是甲烷,所以上海全市基本已经步入国际先进水平,管道煤气实现了甲烷化。

有人质疑改换成天然气是否会让人民群众承担较高的燃气费用,其实不必担心。以 2008 年的数据为例:2008 年 11 月 10 日起,每立方米煤气为 1.25 元、天然气为 2.50 元,天然气的热值约为 8 500 千卡/立方米,是混合气热值的 2.3 倍左右,因此天然气的用气量将大大减少,每月燃气费用支出基本与过去持平。

提醒大家注意的是,天然气中的甲烷也是可燃气,一旦泄漏,浓度达到一定值,遇到明火也要发生爆炸。

小案例

一起快速侦破的案件

上海有一档电视节目《案件聚焦》,在浦东地区使用天然气之后曾报道过这样一起案件:有两个形同姐妹的外来打工妹,性格截然不同:一个勤劳节俭,一个好吃懒做。后者很快陷入囊中羞涩,她竟然萌生夺财害命的恶念,而对象则是她最要好的朋友。一天她让小姐妹在家中喝下加了安眠药的饮料,在小姐妹睡着后将小姐妹的全部财产,包括手机和一切值钱的东西悉数掳走。临走时她还把小姐妹家中的煤气管剪断并打开煤气。她以为那个小姐妹很快就会一命呜呼,没人会知道这是她干的。

让她万万没有想到的是,租住在浦东的小姐妹醒了之后立刻报警,当晚犯罪嫌疑人落网。第二天的新闻报道了警方以最快的速度破获的这起故意杀人案,其实大家还应该感谢更新换代之后的城市管道煤气。

35. 为什么烧开水会引发爆炸和火灾？

小案例

上海曾发生过一起因煤气泄漏而造成的爆炸事故。清晨,一位老太太早起烧开水。水壶中灌满了水,放在煤气灶上。然后老太太打开煤气开关,就在点燃火柴的一瞬间,巨大的爆炸发生了! 老太太被爆炸的气浪炸出门外,楼板被炸塌,还没起床的两人被压住,随即又发生火灾。

为什么烧开水会引发爆炸和火灾呢? 原来这家居民的煤气泄漏,老太太早上起来时已经闻到煤气味道,但是由于缺乏化学常识和安全知识,仍然点燃煤气,就引发了爆炸。

爆炸分为物理性爆炸和化学性爆炸两种。物理性爆炸是因为容器承受不了内部产生的压力所发生的爆炸,如锅炉或气体钢瓶发生的爆炸。化学爆炸则是由于化学反应产生巨大压力所形成的爆炸,煤气爆炸就属于化学爆炸。

煤气中的一氧化碳、氢气以及甲烷都是可燃性气体,一旦与空气中的氧气混合,其浓度达到一定的范围,只要一个小小的火花就能引发爆炸。这个浓度范围被称作"爆炸极限"。爆炸极限是一个浓度范围。任何可燃性气体或可燃性蒸气与空气中的氧气混合,其浓度进入爆炸极限,只要有明火就会爆炸。

通常,在煤气制造过程中会混入有异味的杂质,有时制造厂家还会故意加入硫醇等恶臭物质。这是为什么呢? 原因是可以让用户及时意识到"煤气泄漏了"。

闻到煤气味应该怎么办呢？立即关闭煤气开关！打开所有门窗！别忘记报警！千万不能做的事就是点明火(包括启动或关闭电器开关)！

　　有位老人晚间在睡梦中似乎闻到煤气味,赶紧起床检查。结果他到厨房一开灯,立即就发生了爆炸。请注意,我们使用的大部分家电的开关都是利用金属的接触或断开来完成的。这种接触或断开都会有火花产生。手机也不例外,报警时要在室外拨打手机,煤气泄漏现场绝不能打手机！

36. 燃烧和爆炸有何区别？

突然降临的火灾和爆炸，会严重破坏我们的生活，威胁我们的生命和财产，其发生的主要原因是人们缺乏有关防范的基本知识。学习和掌握易燃易爆物质的性质，了解发生燃烧和爆炸的条件，就可以防止这类事故的发生，即使一旦出现事故，也能及时采取措施，将其消灭在萌芽状态。

燃烧和爆炸属于同一类化学现象。它们都是可燃物和氧化剂发生剧烈的氧化还原反应，同时释放出光和热的现象。但是它们之间还是有区别的：爆炸的化学反应速度远大于燃烧，且带有体积的极度膨胀；燃烧一旦发生是可以被扑灭的，而爆炸一旦发生就已造成严重后果。

燃烧要有一定的条件才能发生，它必须同时具备可燃物、氧化剂和点火源 3 个必要条件，缺一不可。

可燃物就是能够烧得起来的物质，在生活中经常接触到的可燃物是富含碳、氢元素构成的化合物。例如，衣服和纸张是可燃碳水化合物，汽油和乙醇是烃类及其衍生物。在特殊的情况下，可燃物还应该包括强还原剂，如金属镁和金属铝。

燃烧的第二个条件是氧化剂，空气中的氧气是最常见的氧化剂。生活经验告诉我们，任何燃烧一旦在空气中发生，就会连续不断地烧下去，这是因为空气中有 21% 左右的氧气，足够维持任何可燃物的燃烧。若空气中的氧气浓度降低到 14% 以下,燃烧就会由于缺氧而不能继续。

　　燃烧的第三个条件是各种点火源。引发燃烧的点火源,必须具备足够的能量,以使可燃物被加热到燃点或整个体系被加热到自燃点。常见的有明火、聚焦的日光、电火花、摩擦、闪电等。明火为最常见的点火源,它包括火柴、打火机、未熄的烟蒂、煤气灯、裸露通电的电热丝等。一些缓慢放热的氧化反应,若不及时散发热量,积聚到一定程度也会引发燃烧,如干草堆和煤堆。

　　爆炸的反应速度极快,在瞬间能将自身的体积膨胀为几千倍,所以爆炸的危害极大。

小贴士

黑火药中的氧化剂

　　我国四大发明之一的黑色火药,是采用硝酸钾、硫黄粉和木炭组成的,其中硝酸钾就是氧化剂。当点燃黑色火药时,由硝酸钾提供的氧能使木炭和硫黄粉急剧燃烧,产生大量的热和氮及二氧化碳。由于气体体积在瞬间急剧膨胀(大约每克黑色火药产生70升气体,体积增加了 7 000 倍),于是就产生了爆炸。现在用氯酸钾代替硝酸钾制成烟火。

生活中一旦有意外的火灾发生,就必须立即采取措施将其扑灭。灭火的方法很多,主要原理是将燃烧所需的3个条件去掉任何一个,燃烧就不能维持。

灭火方法大致有以下3种。

(1) 窒息法。窒息法是针对燃烧条件中的氧化剂,不提供氧或降低空气中氧的浓度使其低于14%,强制燃烧反应停止进行,就像人突然没了氧气要窒息一样。

生活中常常可以看到这样的现象。例如,炸油条的锅子突然着火,只见炸油条的师傅从容地回身拿个锅盖,往油锅上一盖,火立马就熄灭了,这就是窒息法。用土覆盖可燃物扑灭燃烧也是窒息法。

家用电器着火,用窒息法也非常有效。由于家用电器往往带电,不宜用水去灭火。扑灭时一定记住先关闭电器开关。灭火时要注意自己站立的位置,千万别面对电视机的显示屏,以免显示屏发生爆炸而受到伤害。

二氧化碳灭火器又称为干冰灭火器。二氧化碳气体经加压,中间不经过液态就直接变成固体(干冰)。干冰灭火器由3部分组成:红色的筒身内装有固体二氧化碳,筒顶有压阀,再有一个喇叭口的喷筒。打开压阀,干冰气化,由喷筒喷出。由于在气化和膨胀过程中干冰会吸热,喷出的气体非常冷,因此,可使可燃物降温。同时,二氧化碳使可燃物周围的氧气浓度降低,在氧气浓度低到14%以下即可灭火。

(2) 降温法。降温法是针对燃烧条件中的点火源。点火源的

作用是将可燃物的温度提高到燃点以上,降温法则是让可燃物的温度降到燃点以下。冷却法中用得最多的就是水。因为水的热容量很大,每克水温度升高 1℃,就要吸收 1 卡热量。大量的水射到可燃物上,温度要上升几十度,甚至还会汽化,当然还要吸收蒸发热,一下子就可让可燃物的温度降下来。二氧化碳灭火器也有冷却降温作用。

(3) 疏散隔离法。这是针对燃烧条件中的可燃物。成语"釜底抽薪"说的就是疏散隔离法,把可以燃烧的东西都拿走,当然就烧不起来了。森林火灾很难被扑灭,消防队员常常会在火势蔓延的前方挖条深沟或砍倒一片树木,待火焰蔓延到此没有东西可烧,用的就是隔离法。

使用疏散隔离法灭火时要注意"断源"。例如,厨房发生火灾常由煤气引起,此时首先要关闭煤气阀门。若是液化石油气,则要把液化石油气罐搬离现场。在搬离液化石油气罐时,记得必须先关紧阀门。

38. 冰箱为什么会发生爆炸？

20世纪60年代空调还没有普及，上海的夏季气温经常高达35℃。这时，在化学实验室里会看到有些试剂瓶的瓶口在"冒烟"，实际上这并不是"烟"，而是这些低沸点试剂(如乙醚、丙酮、酒精、苯等)在高温时大量蒸发。如果把盖子旋紧，反而会因为内部压力太高而发生爆炸。此时绝对不允许有任何明火包括火花出现，否则室内蒸气浓度已进入爆炸极限，明火会引发爆炸。对于大量使用低沸点试剂的实验室，会配备冰箱，以便在实验结束后将试剂放入冰箱内，不让它们在高温中大量蒸发。

上海某研究所平时使用低沸点溶剂数量多、品种广，所里为实验室配备了专用的冰箱。夏季的某天，下班前工作人员将试剂放入冰箱就下班回家了。第二天人们上班走进实验室，发现冰箱的门被嵌在对面的墙中，冰箱内一片狼藉，冰箱夜里发生了爆炸！

冰箱怎么会在半夜突然发生爆炸呢？专家推测，可能有人在将试剂瓶放入冰箱时未将瓶盖旋紧。尽管冰箱内的温度要比室外低，但瓶中的试剂还是会挥发出来。由于冰箱的内部空间较小，那么多的低沸点溶剂挥发出来的蒸气，足以让它达到爆炸极限。那么，又是谁去点火呢？平时使用的冰箱都是自动控温的，当冰箱内部的温度升高，冰箱里的控温元件(通常是一条双金属片)就会通过继电器接通制冷机的开关，让压缩机工作，使冰箱温度降低；当冰箱的温度降到预定值时，控温元件又会让继电器断开制冷机的电源，冰箱不再继续制冷。继电器的这个动作是依靠两个触点来完成的。无论是接通还是断开，都会有火花发生，恰

恰就是这个火花引发了这场爆炸。现在在化学实验室使用的冰箱都是防爆冰箱,其继电器用有机玻璃密封,触点工作时也是在封闭的有机玻璃内,不会和外界有任何联系。

无独有偶,上海某大学的化学实验室内,一位研究生用重结晶的方法纯化样品。最后一个步骤需要把所有的溶剂蒸发干净,此时已到吃晚饭时间,溶剂一时还无法全部蒸发。她就把盛放样品的表面皿放进冰箱,自己先去吃饭。敞开的表面皿中的溶剂全部蒸发在冰箱,等到她吃完饭回到实验室时,冰箱已将实验室炸得一片狼藉。

小贴士

冰箱中不要敞开放置高度白酒

家庭冰箱不会发生这样的爆炸,但是如果放置高度白酒时,尽量不要敞开放置,防止酒精过量蒸发,达到爆炸极限。

"文革"期间,上海一家大型化工厂转向生产农业化肥。在生产过程中产生大量的废水,技术人员分析发现其中尚有不少氨的含量。他们决定将这些废氨水用储罐收集起来,卖给当地农民做肥料,一来算是物尽其用,二来工厂也增加了收入。

储罐是一个封闭的铁罐,外部有一根玻璃管与内部形成连通器,可以观察罐内的液面高低。罐内装的是废氨水,氨是一种有挥发性的可燃气体,不断挥发使储罐上方空间早已达到爆炸极限。操作过程中废氨水在储罐内进出,玻璃管内废氨水的液面也上上下下移动。由于废氨水带有许多杂质,于是在玻璃管内壁粘有一层黏糊糊、不透明的物质,液面便看不清了。技术人员告诉工人,在玻璃管上方倒一点稀盐酸即可清除。于是,隔三差五就要清洗一次玻璃管,已经成为常规操作。

有一天,轮值的两个青年正要清洗玻璃管,发现稀盐酸用完了。一位男青年到厂里实验室去找,拿回来后卸下玻璃管上方的螺栓,就将酸倒入玻璃管。一声巨响,储罐发生剧烈的爆炸,两个青年被炸飞到 10 米开外。

分析事故原因发现,原来男青年拿回的不是稀盐酸,而是浓硝酸。浓硝酸是强氧化剂,粘在玻璃管管壁上的是大量还原性物质,两者相遇会发生强烈的氧化还原反应,释放出大量的热。在狭窄的空间里,这些热量散不掉,极有可能把低沸点的物质点燃,而这种明火通过连通器又点燃了达到爆炸极限的氨。这种化学反应称为化学自燃。

上海某酒精工厂，有个采购员奉命买回两公斤高锰酸钾。回到厂里时已近下班，库房工作人员告诉他，今天已经结账，请他明天再来入库。他就随手将高锰酸钾寄放在车间。摆放的位置正好在一个阀门下，而这个阀门是漏的，一滴一滴的酒精就这样滴在高锰酸钾包装袋上。酒精是还原性物质，当遇到强氧化剂高锰酸钾时，立即反应并释放热量。刚开始在包装袋表面产生的热量很容易被散发，没有人注意到这一情况。可是到了半夜，酒精渗透到包装袋的内部，这时产生的热量无法散掉，积聚到一定程度，就点燃了酒精。一个酒精厂就这样被烧光了！

正是因为强氧化剂有这样的特性，化学领域有一个特殊的规定：无论在任何地方，强氧化剂和还原剂即使是有瓶子包装，也不能紧邻放置。一所高校化学系的垃圾房发生过一场火灾，就是因为一个捡垃圾的人把所有废弃瓶子中的剩余废液倒在了一起。

五、化学使人类生活
更加健康和美好

40. 为什么说硒是生命元素中的「明星元素」？

有许多化学元素与人类生命活动密切相关,这些元素被称为"生命元素"。目前,科学家认为有 27 种生命元素,其中 13 种为非金属元素、14 种为金属元素。通常将人体中含量低于 0.01% 的生命元素称为微量生命元素。它们是锌、铜、铁、钴、铬、锰、钼、碘、砷、硼、硒、镍、锡、硅、氟和钒等。

人类最早认为硒是一个恐怖元素,因为硒的很多化合物都是剧毒的,如硒酸盐、硒化氢等。然而,现代医学告诉我们,硒是人体内免疫体系中一个极为重要的酶的主要成分,是人类绝对不可或缺的"明星元素"。

首先,硒是防癌元素。人体内硒含量的多少与人体健康有什么样的关系呢? 复旦大学化学系一位教授研究发现,只要将人的一根头发放入仪器,就可以测量人体中的硒含量,可以对健康人群和癌症人群进行一定程度区分,硒含量少的人更容易患癌症。

其次,硒是长寿元素。国际上规定每 10 万人中有 7 人以上超过百岁的地区,就是长寿地区。我国广西巴马、广东三水、四川都江堰、云南潞西、新疆阿克苏均为长寿地区。研究结果表明,这 5 个地区的共同特点是土壤中的硒含量都很高,例如,广西巴马的每百克土壤中硒含量为 10 微克,是别的地区的 10 倍。

江苏如皋是著名的长寿村,专家和记者去采访时问当地的农民:"能不能告诉我们,你们的长寿秘诀是什么? 比如你们每天都吃什么?"老人们的回答出乎大家的意外:"我们能吃什么! 还不是萝卜干和白菜。"专家测量发现,如皋萝卜干和白菜中的硒含量比别的同类产品高出几十倍,这导致如皋老人血液中的硒含量是常人的3倍。浙江奉化南岙村也是著名的长寿村,也是因为土壤中的硒含量高而使当地的农产品中的硒含量特别高。

第三,硒是防衰老元素。硒是红细胞中抗氧化剂的重要成分,充足的硒可促使这种抗氧化剂有效地将人体内的过氧化氢转变为水。此外,含有硒的多种酶能够调节甲状腺的工作、参与氨基酸等的合成。

小贴士

硒在哪里?

微量生命元素硒必须从外界摄入,那么硒在哪里呢?

(1) 麦饭石是自然界的一种矿石,富含微量元素硒和锌。只要将麦饭石放在水中煮,总有一些硒化合物溶在水中,喝这种水就能补充硒。

(2) 海生食物和动物内脏的硒含量较高。例如,每100克鱿鱼干含硒156微克,每100克猪肾含硒111.8微克。

(3) 蔬菜中硒含量最高的是金花菜、荠菜、大蒜、蘑菇,其次为豌豆、大白菜、南瓜、萝卜、韭菜、洋葱、番茄、莴苣等。

(4) 蛋类和肉类也含有较多的硒。例如,每100克猪肉含硒10.6微克,每100克鸡蛋含硒23.6微克。

(5) 人参和花生含硒也较多。每100克人参含硒15微克,每100克花生含硒13.7微克。

41. 含有致癌物质的樟脑丸还能用吗？

2015 年夏天上海曾经有一场关于樟脑丸的辩论。一方认为，国际癌症机构已经确认樟脑丸中含有致癌物质，樟脑丸不能用了；另一方则认为，樟脑丸已经用了几十年，谁是因为用樟脑丸得的癌症？实际上，我们首先要搞清楚目前市场上樟脑丸的种类，以及是哪种樟脑丸含有致癌物质。

最早使用的樟脑丸是天然樟脑丸，是从樟树叶和枝里提炼出来的一种有挥发性和香味的化学物质，学名"莰酮"。这种挥发性的物质能杀菌，放到衣服里能防蛀、防霉。后来化学家发现，从煤焦油里提炼出来的"萘"也具有天然樟脑的防蛀、防霉和杀菌功能，而其成本要比天然樟脑低得多。所以，"萘"很快几乎全面取代了天然樟脑，这就是"合成樟脑丸"。辩论中所说的致癌物质就是"萘"。在合成樟脑丸之后又开发了具有同等功效的代用品——对二氯苯，它虽然还没有被定性为致癌物质，但它其实是有害物质。对二氯苯对眼和上呼吸道有刺激性，对中枢神经也有抑制作用，人接触高浓度对二氯苯时，可表现出虚弱、眩晕、呕吐，严重时还会损害肝脏等。

1999 年 3 月，国家环保总局发布的《环境标志产品技术要求 安全型防虫蛀剂》中规定，"不得使用萘和对二氯苯作为原料"。2005 年，国家环保总局再次明确防虫蛀剂"产品生产过程中不得使用萘和对二氯苯"。

目前，市场上含有萘的樟脑丸已不多见，但是市场上 95% 的樟脑丸是对二氯苯制造的。这些樟脑丸还能用吗？其实，作为放在衣柜里使用的樟脑丸问题不是很大。对一个化学物质的致癌和有害实验,是采用动物摄入的方式来做的。其次,要多少量才能达到致癌,与它的危害程度密切有关。只是闻到一点味道,和吃下去完全不同。萘是二类致癌物质,对人体致癌的可能性较低,在动物实验中发现的致癌性证据尚不充分,对人体的致癌性的证据有限。

所以,对使用樟脑丸的态度应该如下:

(1) 尽量不要使用含有萘和对二氯苯的合成樟脑丸。

(2) 即使用了合成樟脑丸也不必恐慌,正常情况下吸入的量不会造成很大的伤害。

(3) 对有婴幼儿的家庭,绝不能使用含萘和对二氯苯的樟脑丸。即使是天然樟脑,也要防止吸入过量,更不能误服。

小贴士

如何区别天然樟脑和合成樟脑?

合成樟脑丸:含有萘和对二氯苯的樟脑丸,大多呈白色,气味刺鼻,且沉于水中。

天然樟脑丸:光滑的呈无色或透明的晶体,有樟木的芳香味,会浮于水中。

42. 卫生部为什么下令封杀被二噁英污染的牛肉？

1999 年 6 月 11 日我国卫生部颁布紧急命令：全国立即从所有的货架上将从德国、法国、比利时和荷兰等国进口的乳制品全部撤下。以卫生部的名义下达紧急命令，这是很少见的，对整件事情并不十分了解的人，还以为所有的牛奶都不能喝了，一时间有点人心惶惶。

二噁英指的并不是单一物质，而是结构和性质都很相似、包含众多同类物或异构体的两大类有机化合物。二噁英包括了 210 种化合物，这类物质非常稳定，熔点较高，极难溶于水，可以溶于大部分有机溶剂，是无色无味的脂溶性物质，所以非常容易在生物体内积累，对人体危害严重，其致癌性是黄曲霉素的 10 倍，属于一类致癌物质。

从欧洲四国进口的乳制品是被一种叫四氯二噁英的物质污染的。原因是承装乳牛饲料的桶曾被化工副产物四氯二噁英污染过，导致乳牛分泌的乳汁含有四氯二噁英。

我国政府对欧洲肉和乳制品检出高浓度二噁英的情况非常重视，卫生部迅速成立了由卫生监督、食品卫生、食品标准、食品检验、污染物分析和法律等有关方面专家组成的紧急事件处理专家组，进行技术性分析和研究，提出对污染食品的处理意见。当确认比利时、荷兰、法国、德国自 1999 年 1 月 15 日生产的畜禽类和乳制品进入我国后，卫生部于 6 月 9 日急电全国，对上述 4 国自 1999 年 1 月 15 日生产的乳制品、畜禽肉类制品（包括原料、半成品）暂停进口，已进口的一律查封、暂停销售、全面清查。

二噁英的主要来源如下：

（1）来自化工生产中的副产物。上述事件中的牧场饲料桶就是被化工生产副产物污染过的。

（2）焚烧有机垃圾。生活垃圾中有许多高分子材料，它们既含有苯环，也含有氯，在高温燃烧的条件下有可能产生二噁英。所以，有人焚烧垃圾时一定要劝阻。

（3）也有人质疑，自来水用氯气消毒会不会产生二噁英，因此建议用臭氧代替氯气进行自来水消毒。

三鹿奶粉事件是中国的一起食品安全事件。事件起因是很多食用三鹿集团生产的奶粉的婴儿被发现患有肾结石,随后在其奶粉中发现化工原料三聚氰胺。截至 2008 年 9 月 21 日,因使用婴幼儿奶粉而接受门诊治疗咨询且已康复的婴幼儿累计 39 965 人。掺了三聚氰胺的牛奶是不是"毒牛奶"呢?

首先,我们来看往牛奶里掺三聚氰胺的原因,这得从牛奶的国家标准说起。合格牛奶蛋白质含量的国家标准为 2.8%,合格奶粉蛋白质含量的国家标准为 18%。蛋白质是天然高分子化合物,由氨基酸构成,测量过程非常复杂。为了能快速和简易地测出蛋白质的含量,化学家采用简易的克氏定氮法进行测定。他们将氨基酸中氨基的氮转化为氨(NH_3),再用吸收法测量氨的量,然后通过事先做好的标准曲线,折算出样品中蛋白质的含量。测定前提是被测样品中不能含有其他含氮物质。

不法分子为了非法牟利,在牛奶中掺入含氮物质三聚氰胺,一是三聚氰胺的含氮量极高(达 66.6%),二是掺后不会对牛奶的口感造成任何影响,也就不易被发觉。在每 100 克牛奶中添加 0.1 克三聚氰胺,就能提高 0.4% 的蛋白质含量。合格牛奶蛋白质含量的国家标准是 2.8%,也就是说,在一杯清水中加入 0.7 克的三聚氰胺,这杯清水的蛋白质含量就符合牛奶的国家标准了。

掺了三聚氰胺的牛奶所造成的严重后果是怎样被揭露的呢?2008 年根据医院的统计,在喝三鹿奶粉的婴儿人群中,出现了大量患儿排尿不畅甚至完全堵塞的严重情况。膀胱因尿道被堵塞而无法排尿死亡的患儿全国有 4 例,而程度不同的排尿不畅的患儿则有上万例。

小贴士

致死中量

化学物质是否有毒,必须用动物试验测定。LD_{50} 就是用来衡量毒性的指标,它是指使某生物群体 50% 死亡所需的测试物质的剂量,通常以每千克动物体重的测试物质的质量来计算。例如,

敌敌畏:50～80 毫克/千克;

1059(杀虫剂):2～3 毫克/千克;

甲胺膦:20～30 毫克/千克;

三聚氰胺:3 000 毫克/千克。

也就是说,一个 85 千克体重的人,要吃半斤多三聚氰胺才有生命危险。

三聚氰胺让婴儿患病乃至死亡,不是因为三聚氰胺的毒性,而是因为在体内转化为三聚氰酸,再与三聚氰胺结合生成微溶于水的网络式沉淀。婴儿只喝奶,不喝水,所以沉淀无法排出,最终导致尿道被结石堵死。这也是患者全部是婴儿的原因。

节日的夜空中,五彩缤纷的焰火有着魔幻般的色彩,为节日增添了热闹,使人们赏心悦目。

在元素周期表最左边的第一族是碱金属,包括锂、钠、钾、铷、铯等。之所以叫它们碱金属,是因为它们的氢氧化物都是溶于水的强碱。碱金属旁边的第二族是碱土金属,这是因为它们的性质介于"碱性"和"土性"之间,包括铍、镁、钙、锶、钡、镭。当我们把碱金属或碱土金属的一些化合物置于火焰中时,立刻就可以看到火焰变成各种元素所特定的颜色,有些金属和它们的化合物在燃烧时会出现特定的颜色,这就是焰色反应。焰色反应是由金属元素决定的,而与它们的化合物无关。

那么,这些颜色是怎样产生的呢? 众所周知,自然界的普遍法则为能量愈低愈稳定。因此,元素的外层电子在平常处于能量较低的能级,我们称其为基态。当外界有能量激发这些电子时,它们就会从稳定的基态跃迁到较高的能级,我们称其为激发态。激发态的能级是不连续的,也就是说,激发态的能级是量子化的。跃迁的电子最终只能停留在某一个激发态的能级上,处于激发态的电子极不稳定,在极短的时间内(约 10^{-8} 秒)便会跳回到基态或较低的能级,并且在跃迁过程中,将能量以一定波长的光能形式释放出来。

由于各种元素的能级被固定,且各不相同,因此在向回跃迁时,释放的能量也就不同,不同的能量则对应于不同波长的光线。碱金属和碱土金属元素的电子能级差,正好对应于可见光,于是我们就能看到各种颜色。例如：

铁—绿色;镁—白色;钠—黄色;钙—橙色;
锂—红色;锶—洋红色;钾、铷、铯—紫色。

小案例

为什么在铝箔外撒上一把盐?

宴会上有一道烤鲑鱼。服务员手捧一个瓷盘,内盛一条用铝箔包裹严实的烤鲑鱼。服务员在盘内倒点酒精,再用火柴将酒精点着,此时,服务员又在铝箔上撒一把盐。难道这把盐能让被铝箔包着的鱼变咸?

其实,服务员撒盐的目的是让火焰的颜色呈现出鲜明的橙黄色,以便让客人看清火焰、知道这道菜还在加热。否则,酒精的火焰呈淡蓝色,客人不易看清,一旦有人伸手去剥铝箔,就会被烫伤。这是利用了化学里的焰色反应。

从上述可知,发生焰色反应有两个条件:一是特定的元素,二是给这种元素以能量造成一个类似火焰那样的环境。这种焰色反应完全是由元素而产生的,即使这种元素处于不同的化合物中,或者在火焰中发生了化学变化,以及火焰的类型和温度不同,但这些都对某一元素的特征焰色都没有影响。

45. 使用化学手段为什么能大大地改善药物的性能？

化学在合成药物中的作用举足轻重。让我们来看看化学在合成药物中的重要性。

(1) 导弹式的胃药。人体的胃壁上有成千上万个细胞,它们不断分泌胃酸,其作用是抑制细菌的生长,促进食物的水解,以便消化食物。正常情况下,这些酸不会伤害胃的内壁,因为内壁的黏膜细胞以每分钟 50 万个的速度在更新。然而分泌胃酸过量或者胃部有溃疡时,人就会感觉不适,特别是有胃溃疡的病人会有种刺痛感。针对这种症状,医学上就有了制酸剂。例如,开始使用碱性的碳酸氢钠(小苏打)、碳酸钙或碳酸镁等。后来发现,若同时用增强黏膜保护的药物,则会获得更大的疗效,于是就有了氢氧化铝和氢氧化镁药物,它们极为有效地形成一层保护性薄膜,阻止胃酸对溃疡的作用。尤其是氢氧化铝,它是一个两性化合物,在水溶液中存在下列两种方式的电离:

$$Al^{3+} + OH^{-1} \rightleftharpoons Al(OH)_3 \rightleftharpoons H_3AlO_3 \rightleftharpoons H^+ + AlO_2^- + H_2O$$

上述平衡遇酸向左移动,遇碱向右移动,起到调节胃酸酸度的作用。

这种氢氧化铝薄膜覆盖整个胃壁,也会造成胃壁不适,现在化学家和药学家发明了一种叫柠檬酸铋的胶体,妥善地解决了这一矛盾。柠檬酸铋在酸性情况下不会发生沉淀,在胃壁上不会有沉淀物。但是,当柠檬酸铋到达溃疡部位时,它会立刻生成胶体沉淀,覆盖在溃疡部位,保护它不受酸的侵袭。这是因为溃疡部位是碱性的,柠檬酸铋正好在碱性中发生沉淀,选择性地保护了溃疡部位,又不至于造成胃壁的不适。

(2) 神奇的外衣。阿司匹林是一种价廉物美的药物,有镇痛解热的效果,尽管作用缓和,但因无副作用,所以深受人们的喜爱。但是阿司匹林对胃壁有刺激作用,服用后会有不适感觉,甚至降低食纳。一种新型的阿司匹林是让它"穿上一件外衣"。这件"外衣"在胃部的酸性环境中不会溶解,却会在微碱性的肠中溶解。药物的吸收本来就是在肠道中进行的,这件"外衣"就起到一举两得的效果,既不伤害胃部,又可以让药物被肠道吸收。这件巧妙的"外衣"是由甲基丙烯酸的共聚物制成的。

药物技术中有一种称为"前药"的手段,是指用化学方法将有活性的原药转变成无活性衍生物,服用后在体内经反应释放出原药而发挥疗效的方法。这种方法保持药物的基本结构,仅在某些官能团上作出一定的化学结构改变,称为化学结构修饰。前者称为母体药,修饰后得到的化合物为前体药物,简称前药。

例如,羧苄青霉素口服时对胃酸不稳定,易被胃酸分解失效,将其侧链上的羧基酯化为茚满酯,它对酸就能稳定了。病人服用后,前药可以在胃中慢慢变成母药,从而得到充分利用。

氮芥是一种有效的抗癌药,但其选择性差、毒性大。由于肿瘤组织细胞中酰胺酶含量和活性均高于正常组织,于是设想合成酰胺类氮芥等一系列酰胺类化合物。其中,环磷酰胺已被证明是临床上最常用的毒性较低的细胞毒类抗癌药,本身不具备细胞毒活性,而是通过在体内的代谢转化,经肝微粒体混合功能氧化酶活化,才有烷基化活性。

多马克是德国的一名病理学家,他在 1939 年获得了诺贝尔生理和医学奖。病理学家的工作离不开显微镜,为了让观察的样本边缘清晰,常常需要对样本染色。多马克在工作中偶然发现,经一种染羊毛的红色染料着色过的培养基都不会发霉长毛,于是他认定这种染料应该有杀菌的作用。

一个夜晚,多马克从实验室回到家中,发现女儿爱莉莎正在发高烧,她白天在玩耍时不小心割破了手指。作为与细菌打了多年交道的科学家,多马克知道这是可恶的链球菌进入女儿的体内,并在血液里繁殖。他连忙请来当地最好的医生给爱莉莎打了针,开了药。可是,女儿的病情非但没有得到控制,反而逐渐恶化。爱莉莎全身不停地发抖,人也变得沉沉欲睡。医生对爱莉莎做了检查,叹口气说道:"多马克先生,实不相瞒,细菌早已侵入她的血液,并变成了溶血性链球菌败血症,已经没有什么希望!"多马克望着女儿苍白的脸心在颤抖。突然他想到了实验室染料的杀菌作用,虽然临床上还没有试验过,但此时别无选择,他为爱莉莎注射了"染料"。

时间一分一秒地过去了,多马克目不转睛地盯住爱莉莎,期待奇迹的出现。第二天清晨旭日冉冉升起时,爱莉莎睁开惺忪的睡眼,柔声地说道:"爸爸,我舒服多了。"多马克给爱莉莎量了体温,烧已经退了。爱莉莎是医学史上第一个用"染料"治好的病人。

当医学院用这种染料去做标准灭菌试验时,却发现这种染料没有杀菌作用。后来发现这种染料是一种偶氮化合物,其偶氮键在酸性中很容易被破坏而分解。人的胃部是酸性的,染料在胃部发生了分解,原来的染料早已不复存在,所以,应该做它的分解产物的灭菌试验。结果医生证实产物中的化合物具有极强的杀菌作用。化学家根据这一结果,模拟合成了大批类似的化合物,经动物试验发现,都有很好的杀菌作用。到 1964 年为止,大约有5 000 多种磺胺类化合物被合成和进行了药效试验,其中确定有疗效并成为正规常用的药物就有十几种。

多马克也是因为发明了磺胺药,在 1939 年被授予诺贝尔生理和医学奖。

小贴士

磺胺药物

磺胺药物可以杀灭细菌,是因为它能阻止细菌生长所必需的维生素——叶酸的合成。在叶酸的合成过程中,需要一个关键组分——对氨基苯甲酸。磺胺的结构与对氨基苯甲酸十分相似,因此也就非常容易地"冒名顶替"、搅乱叶酸的生成。细菌因缺乏维生素而不能生存。

表面活性剂特指既有亲水基团又有亲油基团的化合物,它能显著降低表面张力。通常表面活性剂有发泡、润湿、增溶和乳化4种功能。

(1) 发泡作用。用一支麦管蘸自来水吹不出泡,但是蘸了肥皂水就能吹出泡来。原来肥皂是表面活性剂,吹泡是一个扩大表面的过程,表面活性剂会显著降低水的表面张力,使表面扩大变得轻而易举。生活中表面活性剂的这个性能得到很多应用。例如,用表面活性剂制成泡沫灭火器,能够提高灭火效果。又如,在浴缸的水中放入表面活性剂,就可以洗上泡沫浴。

(2) 润湿作用。当你将一件有油垢的衣服浸入水中时,会发现油垢附近的衣料没被水浸润,这就很难洗净衣服。再如,在喷洒农药杀虫剂时,农药常会形成液珠掉入土中,农药的使用效率大大降低。怎样才能消除这类现象呢? 用表面活性剂就可以做到。在配好的农药中加一点表面活性剂,洒在植物叶面上的农药液就会均匀地平铺在叶面上,而不是变成液珠滚落入土中,待水蒸发后农药就会留在叶面上。这两种情况表明水和别的物体能形成良好的润湿。这种固体表面上一种流体(如空气)被另一种流体(如水)所取代的现象,称为"润湿"。通常把能增强水或水溶液取代固体表面空气能力的物质,称为"润湿剂"。

(3) 增溶作用。非极性的碳氢化合物(如苯等)不能溶解于水,却能溶解于浓的肥皂溶液,这种现象叫做加溶作用。加溶作用的

应用十分广泛。工业上合成丁苯橡胶时,就是利用加溶作用将原料溶于肥皂溶液中再进行聚合反应。

(4) 乳化作用。将两种不相混溶的液体放在一起搅拌时,一种液体成为液珠分散在另一种液体中形成乳状液,这种过程称为"乳化"。表面活性剂能使油、水两相发生乳化,形成稳定的乳状液。乳化作用在生活中有很多应用。例如,农药通常是有机物质,往往不溶于水,如果出现油水分层的现象,会影响农药的有效使用,此时若在水中放一点表面活性剂,则可形成均匀的乳状液,提高农药的使用效率。此外,在人类服用的药物中也会遇到这样的问题,有些药物不溶于水,只溶于酒精,因为不可能让病人摄入过多的酒精,所以药物也必须制成乳状液。再如,我们经常使用的护肤用品等都要制成乳状液,才能方便使用。

48. 如何选购防晒霜？

日光中的紫外线会导致皮肤出现鲜红色斑、灼伤起泡、肿胀脱皮,严重时还会引起皮肤癌。使用防晒霜可以保护皮肤不受紫外线的伤害。

防晒霜一般由两种材料制成:一种采用有机物制成,如对氨基苯甲酸、双丙二醇水杨酸酯等,它们会吸收紫外线,使皮肤不会受到紫外线的伤害;另一种由无机物制成,主要是二氧化钛和氧化锌超细粉体制成,它们对紫外线有良好的散射功能。

紫外线可以分成长波、中波、短波紫外线3个部分:

(1) 长波紫外线(UVA)。这是紫外线中能量最低的部分,它可穿透玻璃、遮阳伞,使皮肤晒黑,产生黑斑,肌肤老化,失去弹性,甚至诱发皮肤癌。无论阴天和雨天、室内和室外,都会有UVA。

(2) 中波紫外线(UVB)。这是紫外线中能量中等的部分,它会导致皮肤出现鲜红色斑、灼伤起泡、肿胀脱皮,严重时还会引起皮肤癌。

(3) 短波紫外线(UVC)。这是紫外线中能量最高的部分。因为大部分短波紫外线已被臭氧层吸收,到达不了地球表面,所以不会对人体造成伤害。

防晒霜的作用实际上就是防止 UVA 和 UVB 对人体的伤害。在购买防晒霜时,会发现防 UVA 和 UVB 的防晒霜是不同的。

　　防 UVA 的防晒霜上会有"PA＋""PA＋＋""PA＋＋＋"等标记。"PA"是"protection for UVA"的缩写，"＋"号表示防晒的强度，"＋"号愈多，防护能力愈强。选购时需要根据防止的光线强度来选择：室内通常用"PA＋"或"PA＋＋"的防晒霜就已经足够了；"PA＋＋＋"的防晒霜虽然防护能力较强，但是其中的防晒材料含量多，质感较油腻，会对皮肤有较大影响，容易引起过敏。

　　防 UVB 的防晒霜上则有"SPF2"到"SPF40"等不同数字的标记。"SPF"是防护 UVB 专用的"皮肤保护因子"(skin protection factor)的缩写。后面的数字表示防护的能力，数字愈大，防护能力愈强。皮肤在日晒后发红，医学上称为"红斑症"，这是皮肤对日晒作出的最轻微的反应。最低红斑剂量(时间)，是皮肤出现红斑的最短日晒时间。SPF 是使用防晒霜后的最低红斑剂量(时间)与没有使用防晒霜的最低红斑剂量(时间)的比值。

　　例如，在没涂防晒霜之前，外出晒了 1 小时就出现红斑，而涂了防晒霜外出要 2 小时才出现红斑，于是可计算出这种防晒霜的 SPF 值为 2。SPF 值并非越高越好。SPF 值越大，防晒霜内含有成分的潜在危害性越大，其油性也越大，油腻感较重，易粘灰尘，影响清洁；还易堵塞皮肤毛孔，不利于排汗，影响皮肤组织分泌，引起皮肤过敏或者长痘。

　　所以，不同的环境要选择不同的防晒霜。室内工作可选用 SPF10 左右、"PA＋"的防晒霜；比较容易晒黑、对强光敏感的人或经常在室内工作或活动的人，可选择 SPF20 左右、"PA＋＋"的防晒霜;在烈日下行走或在海边游泳时,则应该选择抗水、抗汗性好的 SPF30 左右、"PA＋＋＋"的强效防晒品。就一般环境而言,SPF 值在 15～25 之间、"PA＋＋"的防晒霜,应该是每天常规使用、有效的广谱防晒霜。

天气预报会告诉我们紫外线的强度,根据紫外线级数能够正确选择防晒霜。

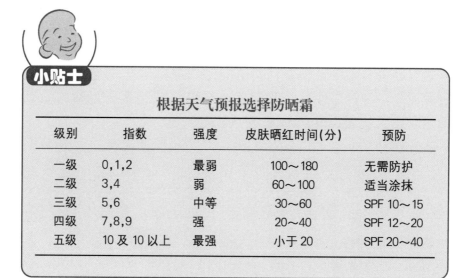

根据天气预报选择防晒霜

级别	指数	强度	皮肤晒红时间(分)	预防
一级	0,1,2	最弱	100～180	无需防护
二级	3,4	弱	60～100	适当涂抹
三级	5,6	中等	30～60	SPF 10～15
四级	7,8,9	强	20～40	SPF 12～20
五级	10 及 10 以上	最强	小于 20	SPF 20～40

49. 你知道诺贝尔的故事吗（上）？

诺贝尔于 1833 年 10 月 21 日诞生在瑞典斯德哥尔摩，家中兄弟 4 人，他排行老三。

受父亲的影响，兄弟几个都热衷于发明创造。诺贝尔的家里就有实验室，由于老诺贝尔研究水雷，诺贝尔对炸药发生极大的兴趣。1862 年，诺贝尔注意到意大利化学家索雷多发表的一篇论文，他不是对文章的主要内容——硝化甘油可作为心脏病的急救药感兴趣，而是被这篇文章末尾的一句话所吸引。索雷多在文章的末尾写道："硝化甘油是一个脾气暴烈的家伙，无论撞击或是加热，都会引起爆炸。"当所有人把硝化甘油作为心脏病急救药研究的时候，诺贝尔却开始研究它是否能够作为一种用于工程建设的炸药。当时欧洲经济正处于发展阶段，无论采矿、筑路，还是挖隧道，都需要爆炸威力较强的炸药，这也是诺贝尔研究硝化甘油的原因。

硝化甘油的确是个脾气暴烈的家伙，1864 年 9 月，诺贝尔的实验室发生爆炸事故，有 5 个人在这次事故中丧生，其中就包括他的亲弟弟老四。面对亲人的死亡，诺贝尔陷入了极度的悲痛，但他并没有放弃对硝化甘油的研究。为了不殃及四邻，他将研究转移到郊区马拉湖中央的一艘船上进行，并最终研制成一种爆炸威力特别强的炸药。

这是一种油状的炸药，人们称它为"炸油"。这种炸药的威力比黑火药强得多，受到了社会的欢迎。诺贝尔开办了一家工厂，

专门生产炸油,生意兴隆。随着炸油的广泛使用,意外爆炸的事故也越来越频繁。

1865 年 12 月,美国的一家旅馆门前发生猛烈的爆炸,地面被炸出一个 1 米多深的大坑,周围房屋的玻璃全被震碎。后来查明,当时有一个德国人带着近 10 公斤的硝化甘油正向旅馆走去,不知什么原因就发生了爆炸。据查这 10 公斤硝化甘油正是诺贝尔的工厂生产的。

1866 年 3 月,澳大利亚悉尼城的一个货栈被炸毁,损失惨重。经查明,爆炸是由货栈中存放的两桶硝化甘油引起的,仍然是诺贝尔的工厂生产的硝化甘油。

1866 年 4 月,在巴拿马的大西洋沿岸,一艘名叫"欧罗巴"号的客货轮被炸毁,74 名乘客无一幸免。在随船的运输货物清单中,赫然写着"硝化甘油"10 公斤,生产厂家"诺贝尔工厂"。

紧接着美国旧金山、英国和法国等地都陆续发生爆炸事故。一时间,诺贝尔工厂成为众矢之的。英国、法国、葡萄等国政府纷纷颁布命令,禁止生产、销售和运输硝化甘油。人们纷纷指责诺贝尔,把他称作"贩卖死亡的商人"。连索雷多也发表声明,对自己发表的论文表示后悔。

这一切对诺贝尔来说,当然痛心疾首,压力巨大。但是,他没有气馁,想到的是应该想方设法去防止硝化甘油的意外爆炸,而且他坚信一定可以找到答案。

50. 你知道诺贝尔的故事吗(下)？

诺贝尔每天都陷入沉思。一天傍晚,诺贝尔在海滩散步,远处一辆马车快速驶来,车上装着许多罐子,罐子里面装的就是诺贝尔工厂的产品——"炸油"。诺贝尔正在思考为什么在这辆颠簸的马车上"炸油"却不会爆炸呢？马车已经驶到他的身边,马车夫一脸的神态自若,根本就不担心会不会发生爆炸。诺贝尔仔细查看,发现在罐子和罐子之间隔着一些东西,罐子下面也铺垫着一层东西。马车夫告诉诺贝尔,这是一种名叫硅藻土的矿石,目的是为了防止罐子和罐子之间的碰撞,万一"炸油"流出来,还会被它吸收。原来硅藻土是一种多孔柔软的矿石,既能起到缓冲作用,又有吸收功能,真是一个好东西。

马车已经驶远,诺贝尔依然沉浸在对硅藻土的思考之中。硅藻土给了他灵感,既然吸附了硝化甘油的硅藻土在颠簸的马车上也不会爆炸,那么为何不用硅藻土作载体来制备安全炸药呢？诺贝尔立刻进行各种配方的研究,终于获得非常满意的结果。他用40%的硅藻土吸附60%的硝化甘油制得的炸药,平时决不会爆炸,即使在撞击或加热的情况下也不会爆炸,而当需要炸药爆炸时,只要用一个引爆器即可。当然,这个引爆器是诺贝尔的另一项发明专利。

大家已经被过去的爆炸事故吓怕了,根本不相信诺贝尔的新发明。为了让事实说话,诺贝尔精心筹备了一场精彩的现场表演。1866 年 7 月 14 日,在英国的一座矿山上,政府官员、新闻记

者、科学家、工程师以及用户都被邀观看表演。首先表演的项目是将一包 10 公斤的新型炸药放在火堆上烧,没有发生爆炸,平安无事。接着,将另一个 10 公斤的新型炸药,从高高的峭壁上扔下去,人们本以为炸药着地就要爆炸,谁知炸药落地后跌得粉碎也没有发生爆炸,又是平安无事。最后,将一包 10 公斤的新型炸药埋入地下,并安置一个引爆器。当诺贝尔说出"炸"的时候,果然就发生了猛烈的爆炸。亲眼目睹之后,人们心服口服。欧美国家纷纷撤销禁运令,诺贝尔工厂又恢复了炸药的生产,生意更加兴隆了。

　　尽管这种安全炸药越来越受到人们的欢迎,诺贝尔本人却对它依然不满意。这是因为在这种炸药中加入毫无爆炸威力的硅藻土,降低了整个炸药的爆炸威力。他一直在思考如何才能制得既保持爆炸威力又安全的炸药。1875 年间的某个夜晚,诺贝尔在实验中不小心划破了手,他随手拿了一瓶克罗酊涂在创口上。克罗酊实际上就是硝化棉的酒精溶液,是一种黏稠的透明胶状液体。在创口上涂了一层克罗酊,待酒精挥发后,硝化棉就会将创口封闭住,以避免创口感染。诺贝尔突然想到,硝化棉和硝化甘油实际上是同一类物质,能否将硝化程度较低的硝化棉加入硝化甘油中呢?诺贝尔连夜进行试验,果然不出所料,当他把这两种东西混在一起时,又一种安全的胶质炸药诞生了。

　　诺贝尔一生获得 300 多项专利,1896 年 12 月 10 日在法国因心脏病发作去世。富有戏剧性的是,他临终前服用的恰恰就是他研究了一生的硝化甘油。他在生前立下的遗嘱中写道:"把我全部可变换为现金的财产都捐献给政府,并以此奖励在科学上有突出成就的科学家。"

　　瑞典政府根据诺贝尔的遗嘱,在全世界范围内设立了5个奖项:物理、化学、生理和医学、文学以及和平,由瑞典皇家科学院、皇家卡罗琳医学院、瑞典科学院和挪威议会的诺贝尔委员会等主持评选。1868年之后又增设了诺贝尔经济奖,奖金由瑞典银行出资。诺贝尔奖的奖金逐年增加,1901年第一届为41 800美元,现已增到140万美元。

诺贝尔奖章的正面和背面

　　诺贝尔奖的评选过程十分严格并且保密。以化学奖为例,每年的评选首先由瑞典皇家科学院选举出5名化学家组成化学奖评选委员会。同时,瑞典皇家科学院还规定了有资格提名候选人的成员,如瑞典的院士、物理和化学委员会的委员、已获得诺贝尔奖的得主,以及选举出的外籍科学家等。然后,化学奖评选委员会根据提名进行初选,委员提出推荐候选人,经委员会审定后,交瑞典皇家科学院全体会议投票选举通过。诺贝尔奖的颁发日期就是诺贝尔逝世的12月10日。同一年获奖的得主可以是一个人,也可以是两个人,最多不超过3个人。选举全部过程的资料要等到50年之后公布。

图书在版编目(CIP)数据

生活化学/刘旦初编著;上海科普教育促进中心组编. —上海:复旦大学出版社:
上海科学技术出版社:上海科学普及出版社,2017.10
("60岁开始读"科普教育丛书)
ISBN 978-7-309-13279-3

Ⅰ.生… Ⅱ.①刘…②上… Ⅲ.化学-普及读物 Ⅳ.06-49

中国版本图书馆 CIP 数据核字(2017)第 239060 号

生活化学
刘旦初 编著

责任编辑/梁 玲

复旦大学出版社有限公司出版发行
上海市国权路 579 号 邮编:200433
网址:fupnet@ fudanpress.com http://www.fudanpress.com
门市零售:86-21-65642857   团体订购:86-21-65118853
外埠邮购:86-21-65109143   出版部电话:86-21-65642845
浙江新华数码印务有限公司

开本 890×1240 1/24 印张 5 字数 83 千
2017 年 10 月第 1 版第 1 次印刷

ISBN 978-7-309-13279-3/O·646
定价:15.00 元